机群环境下水环境并行数值模拟系统

主　编　林荷娟　左一鸣

副主编　金　科　姜桂花

中国水利水电出版社
www.waterpub.com.cn

内 容 提 要

本书是讲述一维、二维环境水动力学数值模型算法并行化实现的学术专著。为实现一维、二维环境水动力学数值模型并行化改造，针对需要解决的技术问题，本书分别从基于ESRI公司的 ArcEngine组件为基础 ArcGIS 平台搭建，自行维护机群调度系统功能架构设计、动态负载平衡任务调度系统的实现，基于 FDM 和 FVM 的一维和二维水动力学数值模型并行算法改进等方面展开研究，并将研究成果应用于"上海浦东新区调水改善水环境"和"镇江内江水流数值模拟"项目。

本书可供高等院校和科研单位从事环境流体力学、环境水力学研究和教学的科研人员，水环境污染模拟与评价的专业人员以及对并行计算感兴趣的读者参考。

图书在版编目（ＣＩＰ）数据

机群环境下水环境并行数值模拟系统 / 林荷娟，左一鸣主编. -- 北京 ： 中国水利水电出版社，2019.1
ISBN 978-7-5170-7080-1

Ⅰ. ①机… Ⅱ. ①林… ②左… Ⅲ. ①水动力学—数值模拟 Ⅳ. ①TV131.2

中国版本图书馆CIP数据核字(2018)第245148号

审图号：GS（2018）5072 号

书　　名	机群环境下水环境并行数值模拟系统 JIQUN HUANJING XIA SHUIHUANJING BINGXING SHUZHI MONI XITONG
作　　者	主　编　林荷娟　左一鸣 副主编　金　科　姜桂花
出版发行	中国水利水电出版社 （北京市海淀区玉渊潭南路 1 号 D 座　100038） 网址：www. waterpub. com. cn E - mail：sales@waterpub. com. cn 电话：(010) 68367658（营销中心）
经　　售	北京科水图书销售中心（零售） 电话：(010) 88383994、63202643、68545874 全国各地新华书店和相关出版物销售网点
排　　版	中国水利水电出版社微机排版中心
印　　刷	天津嘉恒印务有限公司
规　　格	184mm×260mm　16 开本　5.5 印张　130 千字
版　　次	2019 年 1 月第 1 版　2019 年 1 月第 1 次印刷
印　　数	0001—1000 册
定　　价	**58.00 元**

前言
FOREWORD

　　随着社会经济的高速发展，"水多，水少，水脏"等问题已经引起了全社会的广泛重视，实现水资源可持续利用，已成为努力改善人类生存和经济社会条件的关键因素。当前，太湖流域水环境污染问题已日益严重，为改善水环境，通过调水来解决水脏问题是一种行之有效的手段，如引江济太、南水北调、博斯腾湖调水及黑河调水等都是意义重大的调水工程。

　　为了确定调水水量与河网内水质之间的关系，需要根据河网水体特征及其水文、水质同步监测资料，采用数值计算方法，建立河网水力水质数学模型。当前，对于河道水量、水质模拟，为了减小数值计算误差，需要将计算网格划分得很细。同时由于河道、流域规模一般都比较大，对于比较大的计算域进行模拟需要布置的网格节点也比较多。如果网格节点过多，计算工作量将成倍甚至成指数级增长，对于计算机的计算速度要求比较高。

　　近几年来，随着计算机运算速度的大幅提高及网络技术的成熟，高性能互联网的拓扑结构和处理器之间的距离已不再是影响并行机系统性能的关键因素，为利用计算机组建并行计算集群提供了高性价比条件，目前计算机集群正逐步成为并行编程的主要平台。

　　针对以上需求，研制了基于 ArcEngine 组件的并行水动力数值模拟系统，并在此研究的基础上编写了本书。本书是讲述一维、二维环境水动力学数值模型算法并行化实现的学术专著，共分 4 章。第 1 章介绍太湖流域概况及模型发展历程，在综合分析国内外非点源污染模型的基础上，提出模型与 GIS 结合和模型并行化计算的必要性和可行性。第 2 章进行水环境信息管理系统的架构设计，实现对客户端计算机的动态管理，负载信息的自动收集，并采用蚂蚁算法对计算任务进行调度，实现机群动态负载平衡。第 3 章应用计算数学、流体力学及环境水力学以及计算机通信的基本理论与方法，结合太湖流域浦

东新区改善水环境调控模拟，对平原河网的水量、水质特性进行一维耦合数值模拟，采用 FDM 算法、主从型编程模型，提取算法中的并行性，研发并行一维水量水质模型。第 4 章应用守恒的二维非恒定流浅水方程组描述水流流动，并用二维对流—扩散方程描述污染物的输运扩散；应用有限体积法及黎曼近似解对耦合方程组进行数值求解，从而模拟水体的水流过程和相应的污染物输运扩散过程；分析串行算法求解流程提取并行成分，采用任务 SPMD 型并行编程模型，将求解区域网格分成若干部分，对每部分进行单独求解。

由于已有的成果和作者水平有限，本书不足与错误之处在所难免，敬请读者批评指正。

作者

2018 年 7 月

目录

CONTENTS

前言

第1章　太湖流域概况 ·· 1

1.1　流域概况 ·· 1

1.2　太湖流域模型 ·· 8

1.3　国内外研究进展 ·· 10

1.4　主要研究内容及技术路线 ·· 23

第2章　ArcGIS平台水环境分析系统设计 ·· 26

2.1　系统总体设计 ·· 26

2.2　并行平台搭建 ·· 31

2.3　一维水量水质数值系统功能 ·· 36

2.4　二维水量水质数值系统功能 ·· 39

第3章　感潮河网一维并行水量水质数值模型研制 ·· 44

3.1　感潮河网水动力模型的建立 ·· 44

3.2　河网水质模型的建立 ·· 52

3.3　并行模型研制 ·· 55

3.4　算例——太湖流域上海浦东新区调水改善水环境数值模拟 ·· 58

第4章　二维并行水量水质数值模型研制 ·· 65

4.1　水环境数值模型建立 ·· 65

4.2　并行模型研制 ·· 73

4.3　算例——镇江内江水流数值模拟研究 ·· 75

参考文献 ·· 81

太湖流域概况

太湖古称震泽，又名五湖，是我国东部最大的湖泊，也是我国第三大淡水湖。太湖流域依托长江三角洲良好的区位优势，自然条件优越，风光秀美，物产丰富，河网密集，交通便利，自古以来就是闻名遐迩的"鱼米之乡"，有"上有天堂，下有苏杭""赋出于天下，江南居十九"之美誉。

1.1 流域概况

1.1.1 自然概况

1. 地理位置

太湖流域地处长江三角洲南翼，北抵长江，东临东海，南滨钱塘江，西以天目山、茅山等山区为界。流域面积 36895km²，行政区划分属江苏、浙江、上海和安徽三省一市，其中江苏省 19399km²，占 52.6%；浙江省 12095km²，占 32.8%；上海市 5176km²，占 14.0%；安徽省 225km²，占 0.6%。

2. 地形地貌

太湖流域地形特点为周边高、中间低，西部高、东部低，呈碟状。流域西部为山丘区，属天目山及茅山山区，面积 7338km²，约占总面积的 20%，山区高程一般为 200.00～500.00m，丘陵高程一般为 12.00～32.00m；中间为平原河网和以太湖为中心的湖泊洼地，北、东、南三边受长江口和杭州湾泥沙堆积影响，地势相对较高，形成碟边，平原面积为 29557km²，中部平原区高程一般在 5.00m 以下，沿江滨海高亢平原地面高程为 5.00～12.00m，太湖湖底平均高程约 1.00m。太湖流域地形地貌见图 1.1。

3. 河湖水系

太湖流域河网如织，湖泊星罗棋布，是我国著名的平原河网区。流域总水面面积 5551km²，水面率 15%；河道总长约 12 万 km，河道密度达 3.3km/km²。流域水系以太湖为中心，分上游和下游水系。上游水系主要包括苕溪水系、南河水系及洮滆水系等；下游主要为平原河网水系，包括东部黄浦江水系、北部沿长江水系和南部沿杭州湾水系；京杭运河穿越流域腹地及下游诸水系，是流域内重要的内河航道。流域湖泊以太湖为中心，形成西部洮滆湖群、东部淀泖湖群和北部阳澄湖群。流域内面积大于 10km² 的湖泊有 9 个，分别为太湖、滆湖、阳澄湖、洮湖、淀山湖、澄湖、昆承湖、元荡、独墅湖。太湖是

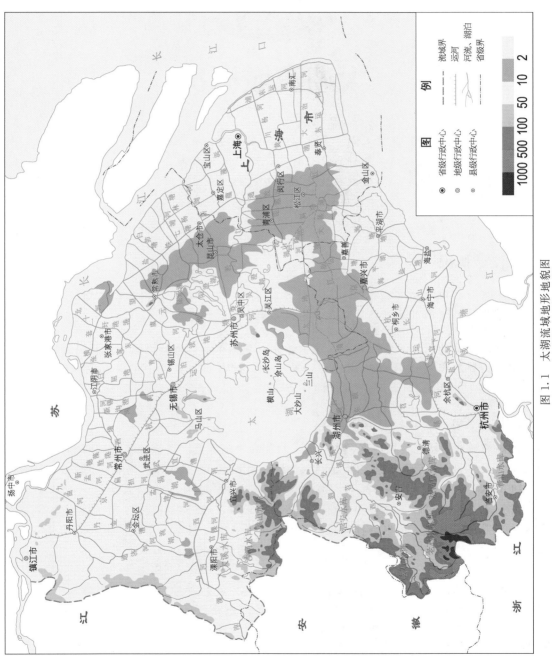

图 1.1 太湖流域地形地貌图

流域内最大的湖泊，水面积2338km²，多年平均年蓄水量44.3亿m³，也是流域防洪减灾和水资源的调蓄中心。

4. 水文气象

太湖流域属亚热带季风气候区，呈现冬季干冷、夏季湿热、四季分明、降雨丰沛和台风频繁等气候特点，多年平均气温为15～17℃，年日照时数为1870～2225h。流域多年平均年降水量为1177mm，年内降水不均，其中约60%集中在5—9月的汛期；多年平均水面年蒸发量为822mm；多年平均天然年径流量为160亿m³，多年平均年径流系数为0.37。太湖流域沿长江和杭州湾口门引排水受东海潮汐影响，东海潮汐为正规半日潮，一日有两次高潮和低潮，月内阴历初三和十八前后为大潮，初八和二十三前后为小潮。

1.1.2 经济社会状况

太湖流域是我国经济最发达、大中城市最密集的地区之一。流域内分布有特大城市上海、杭州，大中城市苏州、无锡、常州、嘉兴、湖州以及迅速发展的众多小城市和建制镇，已形成等级齐全、群体结构日趋合理的城镇体系，城镇化率达78%，是长江三角洲的核心地区，地理和战略优势突出。

流域内工业技术基础雄厚，产业门类配套齐全，资源加工能力强，技术水平、管理水平和综合经济效益均处于全国领先水平。汽车、冶金钢铁、石油化工、机械电子、轻纺、医药、食品等在全国占有重要地位；高新技术产业发展迅猛，沪宁杭高科技产业群和信息产业带已形成，上海浦东新区、虹桥开发区、杭州高新技术开发区、昆山经济开发区、苏州—无锡—常州火炬带等一批国家级经济技术产业开发区、保税区和地方性开发区的建设和发展增强了城市综合实力。流域内金融、保险、房地产、通信、信息服务、运输、现代物流等第三产业发展迅速，在流域GDP中的比重稳步提高。流域内农业生产广泛采用新技术，集约化程度不断提高，农村经济改革和产业结构调整成效显著，乡镇已进入了城市化快速发展时期。

太湖流域交通发达，沪宁、沪杭铁路贯穿全流域，宣杭铁路连接皖南，京沪高速、沪宁城际铁路已开工建设；沪宁、沪杭、沿江、苏嘉杭、苏申浙皖、京沪等高速公路构筑了流域快速交通网络；流域紧靠长江"黄金水道"，京杭运河贯通南北，沟通长江和钱塘江航运，苏申内港线、苏申外港线、杭申线、长湖申、乍嘉苏线、六平申线等重要航线构成了内联三省（直辖市）、外通长江、钱塘江的内河航运网络格局，通航里程达1.6万km；上海港、大小洋山深水港、张家港、太仓港、乍浦港、长江深水航道形成面向国内外、分工专业、快速发达的集疏运体系；电力、通信等基础设施完备，为流域经济社会发展创造了良好的环境。

截至2016年年底，太湖流域总人口为6028万人，占全国总人口的4.4%；GDP为72779亿元，占全国GDP的9.8%；人均GDP为12.1万元，是我国人均GDP的2.2倍。

1.1.3 水资源与洪涝灾害

太湖流域多年平均水资源总量为176.0亿m³，其中地表水资源量为160.1亿m³，地下水资源量为53.1亿m³，地表水资源和地下水资源的重复计算量为37.2亿m³。流域多年平均本地地表水可利用量为64.1亿m³。长期以来，长江是太湖流域的重要补给水源和

排水方向，多年平均年引长江水量 60.8 亿 m³，年排长江水量 39.7 亿 m³。近年来，流域引江规模加大，引江水量趋增。

流域水资源普遍受到不同程度的污染。2016 年，流域 6264km 评价河长全年期水质达到或优于Ⅲ类的河长 1764km，占总评价河长的 28.2%，未达到Ⅲ类水标准的项目为氨氮、总磷、高锰酸盐指数、五日生化需氧量、化学需氧量和石油类等。参评的 377 个水功能区全年期水质达标个数为 158 个，达标率 41.9%；太湖流域参评水功能区中河流达标河长 2189km，达标率 49.5%；湖泊达标面积 268km²，达标率 9.1%；水库达标蓄水量 4.5 亿 m³，达标率 67.6%。按照水功能区限制纳污红线主要控制项目高锰酸盐指数、氨氮两项指标进行达标评价，全年期水功能区水质达标个数为 239 个，达标率 63.4%。省界河流监测断面共 34 个，50.0% 的断面达到或优于Ⅲ类水；太湖全湖平均水质高锰酸盐指数为Ⅲ类，氨氮为Ⅰ类，总磷为Ⅳ类，总氮为Ⅴ类，若总氮参评，则全年期太湖水域水质均未达到Ⅲ类水，劣于Ⅴ类水体达到 73.9%；若总氮不参评，全年期太湖东部沿岸区水质为Ⅲ类，占全湖面积的 11.5%，Ⅳ类水体占 71.8%，Ⅴ类水体占 13.8%。全年期太湖中度富营养化面积为 80.9%，轻度富营养化面积为 19.1%。

自 20 世纪 90 年代以来，太湖几乎每年都暴发不同程度的蓝藻，暴发范围从梅梁湖等北部湖区扩大到竺山湖、西部沿岸区、南部沿岸区，甚至湖心区；暴发时间从 4 个月（6—9 月）延长到 8 个月（4—11 月），冬季仍有蓝藻存在。2016 年，太湖蓝藻水华最大面积为 936.4km²，发生在 7 月 17 日，其次为发生在 11 月 2 日的 879.8km²。

梅雨和台风暴雨是造成流域洪涝灾害的主要原因。受平原地势低洼、坡降小和潮汐顶托等影响，流域排水速度慢、时间短、难度大，太湖水位易涨难消，流域洪涝灾害频繁。20 世纪以来，共发生 5 次流域性大洪水，分别发生于 1931 年、1954 年、1991 年、1999 年和 2016 年。1999 年太湖水位最高达 4.97m，流域受淹农田 1031 万亩，受灾人口达 746 万人，当年直接经济损失达 141.3 亿元。

1.1.4　流域治理与管理状况

太湖流域依水而起、因水而兴，流域兴衰与水息息相关，流域发展始终贯穿着治水的主线。流域经济社会发展要求和流域独特的自然禀赋决定了流域水利发展要适应支撑经济社会的发展，经济社会的发展又为水利发展提供了强大的动力。

1. 流域治理

新中国成立以来，太湖流域开展了大规模的水利建设，修建水库，开挖和疏浚河道，兴修、加固河湖堤防和海塘，在平原洼地修建圩堤和闸、泵，一定程度上提高了防洪、除涝、挡潮、供水、抗旱、水环境整治能力。

1991 年太湖大水后，国务院决定进一步治理太湖，根据《太湖流域综合治理总体规划方案》（以下简称《总体规划方案》）和国务院治淮治太第四次会议精神，太湖流域开展了望虞河、太浦河、环湖大堤、杭嘉湖南排、湖西引排、武澄锡引排、东西苕溪防洪、杭嘉湖北排通道、红旗塘、扩大拦路港泖河及斜塘、黄浦江上游干流防洪工程等 11 项骨干工程建设。依托上述治太工程，太湖流域已初步形成北向长江引排、东向黄浦江供排、南排杭州湾并且充分利用太湖调蓄的防洪与水资源调控工程体系，在防御 1995 年、1996 年、1998 年流域常遇洪水和 1999 年、2016 年流域特大洪水中发挥了重要作用。2002 年

以来，利用治太工程实施以望虞河为骨干引水河道的"引江济太"水资源调度，截至 2016 年年底从望虞河累计调引长江水 277 亿 m³，入太湖 126 亿 m³，增供了水资源量，改善了水环境，成功缓解了 2003 年、2004 年、2011 年流域严重旱情和 2007 年太湖蓝藻暴发引起的无锡市供水危机。

流域内各省（直辖市）在江堤海塘、水源地建设、水库除险加固、河道整治、圩区建设、水土流失治理等方面也取得了显著成效。流域内已建、在建大中型水库 23 座，总库容约 17.3 亿 m³，为拦蓄上游洪水，保障地区防洪安全、供水安全发挥了重要的作用。上海市已基本形成海塘、江堤、区域除涝和市区排水"四道防线"的格局，已建设青草沙、金泽水源湖等水源地并投入运用；杭州、苏州、无锡、常州、嘉兴、湖州等城市已基本达到国家规定的防洪标准，对中小洪水可以有效控制，总体防洪减灾能力明显增强。

2007 年太湖蓝藻暴发引发无锡市供水危机后，流域水环境综合治理工作得到空前重视，力度前所未有。国务院批复了《太湖流域水环境综合治理总体方案》（以下简称《总体方案》），建立了太湖流域水环境综合治理省部际联席会议制度，江苏省、浙江省、上海市（以下简称"两省一市"）人民政府和国家有关部委正根据《总体方案》加快推进饮用水安全、工业点源污染治理、城镇污水处理和垃圾处置、面源污染治理、提高水环境容量（纳污能力）引排工程等方面建设任务，治理工作已取得初步成效。流域机构和流域内两省一市水行政主管部门正全力组织开展提高水环境容量的引排通道工程、引江济太、节水减排、水质监测、蓝藻打捞、底泥疏浚、河网整治等水环境综合治理水利工作。

2. 流域管理

在不断完善流域水利工程体系的同时，流域机构和两省一市各级水行政主管部门积极践行可持续发展治水思路，按照习近平提出的"节水优先、空间均衡、系统治理、两手发力"的新时期治水思路，强化依法管理，创新工作思路，不断提升流域综合管理水平。

推进体制机制改革创新，加强水法规和规划体系建设。积极探索建立权威、高效、协调的流域管理和行政区域管理相结合的流域管理体制，初步提出了管理体制改革试点实施方案；上海、苏州等城市实现水务一体化管理。已完成的《太湖流域防洪规划》《太湖流域水资源综合规划》《太湖流域水环境综合治理总体方案》等专业、专项规划构成了流域水利规划体系的骨干框架。《太湖流域管理条例》已于 2011 年 11 月 1 日正式施行，开创了我国流域性综合立法的先河。流域内各省（直辖市）也相继颁布实施了相关水法规，编制了有关水利规划，为流域水资源的合理开发、有效保护与综合管理提供了依据和保障。

突发水事矛盾应急机制和风险管理能力不断提升。两省一市均制订了防洪防台预案和应急供水预案，应对突发事件能力得到提高；流域各省（直辖市）签订了《太湖流域省际边界水事活动规约》，积极探索建立流域省际边界水事纠纷预防和调处机制，推进水事纠纷预警机制和应急预案建设。

流域调度与建设管理水平不断提高，水利信息化建设成效明显。完善引江济太长效运行机制，依据洪水调度和资源调度相结合、区域调度和流域调度相结合、水量调度和水质调度相结合的原则，增加流域水资源有效供给，调活流域水体，促进水体有序流动，改善流域水环境。积极探索治太一期工程管理运行机制，各省（直辖市）不断推进水利投融资、水利工程建设与管理等方面的改革。水利信息采集、传输网络、数据中心等信息化基

础设施初具规模，防汛指挥系统、水资源监控系统等业务应用系统进一步提高了流域综合管理、治理水平和应对突发事件的能力，通过电子政务、水利网站、信息公开等显著提高了水利公共服务能力。

1.1.5　经济社会发展态势

以太湖流域为核心的长江三角洲地区是我国综合实力最强的区域，根据国务院批准的《关于进一步推进长江三角洲地区改革开放和经济社会发展的指导意见》，长江三角洲地区将建设成为"亚太地区重要的国际门户、全球重要的先进制造业基地、具有较强国际竞争力的世界级城市群"。作为长三角经济的核心区位与发展引擎，太湖流域经济社会发展对于长三角乃至中国经济的腾飞有着举足轻重的作用。

在国家宏观战略规划和一系列政策推动下，太湖流域将发展成为中国经济主要增长和现代化的先导区，成为优势制造业、城镇化、区域一体化的高地，以及制度与机制的创新基地。流域各省（直辖市）提出了率先实现全面建成小康社会、率先实现现代化的目标。上海将继续发挥龙头作用，加快国际经济、金融、贸易和航运中心建设，带动沪宁和沪杭沿线发展带、沿江开发带、沿杭州湾产业带、沿海发展带、宁湖（湖州）杭发展带、沿太湖生态服务带的建设与发展。水资源是基础性的自然资源和战略性的经济资源，是重要的生态与环境的控制性要素。水利作为国民经济和社会发展的重要基础，在全面建设小康社会和现代化中肩负着十分重要的职责。随着人口增长、区域一体化快速发展、城乡人民生活水平和生活质量的不断提高，水利要为全面建设小康社会提供坚实的支撑和保障。

（1）要保障供水安全。随着城镇化的进展，人口由农村向城镇迁移，公众生活质量的提高对供水安全提出了更高的要求，需要通过水资源的合理配置，提供水质合格的生活水量，并满足经济快速增长对供水总量、供水结构和供水保证率的需求。

（2）要保障防洪安全。在城市化进程中，人口和财富将进一步向城市集聚，洪涝灾害可能造成的潜在经济损失和风险程度也将同步增长，社会和公众需要更高标准的、更有效的防洪安全保障。

（3）要保障生态安全，改善河湖水质，满足保护和维持河湖生态系统的用水需要、回补地下水及城市生态用水等方面的需求。

（4）经济快速增长时期也是经济、社会、资源、环境发展之间矛盾交织、激烈的时期，统筹经济社会发展不断扩大的需求与有限的水资源、水环境承载能力的关系，要求切实转变水利发展模式，协调各类涉水开发行为与河湖健康的关系，约束经济社会活动对水的侵害，推动经济增长方式的转变，促进经济社会发展步入科学发展的轨道。

1.1.6　主要水资源问题和对策

太湖流域的水资源问题主要表现为流域水资源时空分布差异较大，水资源总量相对不足，水污染比较严重，这些问题已经明显制约了流域社会经济的可持续发展，亟需有效的解决措施。

1. 主要水资源问题

太湖流域水资源的时空分布变异性大，与人口、生产力、资源的匹配状况不够理想。

太湖流域属亚热带季风气候区，多年平均年降水量为1177mm，流域降水量的年内分布不均，连续4个月最大降水大多出现在6—9月，其次是5—8月。降水量也存在着年季差异，最大年降水量出现在1954年，为1630mm；最少年降水量出现在1978年，为692mm。降水还存在着空间分布的差异，总的来说，西部大于东部，南部大于北部。径流的年内分配与降水相对应，春季、夏季大，冬季小。

太湖流域多年平均水资源总量为176亿m³，人均约450m³。由于受到流域降水年内不均的影响，太湖周边地区往往出现用水困难的问题。遇到大旱之年，流域供水缺口将会更大，大旱年1971年（$P=94\%$），流域水资源量仅为102亿m³，特大干旱年1978年（$P=98\%$）水资源量仅为42亿m³。目前太湖流域主要依靠长江、钱塘江引水补充和水资源重复利用满足用水需要，未来经济和社会的发展将对水资源供需产生更大压力。

2. 主要水环境问题

近几年来中央和地方政府加大了流域水污染防治的力度，但是由于太湖流域水污染防治工作的艰巨性和复杂性，太湖流域水体水质总体上尚未出现明显好转，湖泊富营养化在整体上也没有得到根本性的改善，蓝藻暴发依然存在。

2016年太湖流域省界水体34个监测断面中，50%水体不同程度受到污染，其中Ⅳ类水占35.3%，Ⅴ类水占5.9%，劣于Ⅴ类水占8.8%，主要超标项目为化学需氧量、五日生化需氧量、总磷、溶解氧和氨氮。若总氮不参评，太湖全年期88.5%水域受到不同程度的污染，其中Ⅳ类水占71.8%、Ⅴ类水占13.8%、劣于Ⅴ类水占2.9%，主要超标项目为总磷、五日生化需氧量、高锰酸盐指数和化学需氧量；若总氮参评，太湖全年期100%水域受到不同程度的污染，其中Ⅳ类水占19.1%、Ⅴ类水占7.0%、劣于Ⅴ类水占73.9%。太湖全年期80.9%为中营养水平，19.1%为轻营养水平。总体上，太湖流域水污染问题仍然十分严重，已经严重制约了流域和地区经济社会的可持续发展。

3. 主要对策及分析

太湖流域水资源不足和水污染严重的问题是互相联系的，水资源不足使得环境用水被挤占，水体环境容量相应不足，污染物排放量超过水体的自净能力，而水污染造成的水质型缺水又加剧了水资源的不足。从太湖流域水量与水质问题密切联系的特点考虑，引水对于解决两方面的问题都具有重要作用。解决太湖流域水资源供需矛盾突出的问题，须充分发挥背靠长江的优势，通过引长江水来满足流域对水资源的需求，同时引水也是提高水体环境容量、改善水质的有效途径。

自长江引水是目前解决太湖流域水资源供需矛盾的主要措施之一，多年来，在太湖流域沿长江一线兴建了许多引排工程，以使水多时向长江排泄流域洪涝水，水少时则从长江引水入太湖流域。目前太湖流域由长江、钱塘江直接供水约30亿m³，一般从长江、钱塘江引入河湖的水约90亿m³，引水填补了很大一部分水资源供需的缺口。

太湖流域的水污染问题受到政府的高度重视，被列为我国需要重点治理的"三河三湖"之一，加强三条红线管理，采取治污、节水、引水、清淤、生态修复、蓝藻打捞等综合措施对太湖水污染进行综合治理，已初见成效。

1.2　太湖流域模型

1.2.1　发展历程

太湖流域河湖相通，相邻行政区间入河污染物相互影响，极易引起水事矛盾，近几年，流域水污染突发事件频发，并对河湖型水源地供水安全构成了严重威胁；流域与区域水资源调度目标和需求不完全协调一致，区域往往根据本地水资源情况及用水需求进行调度；由于流域平原河网水系的特殊性，水流缓慢，需要通过持续长时间调度，才能逐步实现水资源和水环境调度目标。因此，需要在加强流域水量水质监测的基础上，提高水资源保护和预警能力，研发太湖流域数值模型。现有的太湖流域模型研制大致可分为以下三个阶段：

第一阶段为 20 世纪 90 年代初期。太湖局根据洪水预报及调度管理等需要，组织河海大学、水利部南京水利水文自动化研究所等单位研制了降雨径流模型、河网水量模型。该阶段流域数值模型以模拟流域降雨径流及河网水流运动情势等水文水动力计算为主，重点解决洪水预报及流域防洪规划中洪水安排、规划方案论证等问题。

第二阶段为 20 世纪 90 年代中后期至 2001 年。太湖局根据流域水资源及水环境管理需求，在河网水量模型的基础上，与荷兰 Delft 水力学所合作研制了 Delwaq 水质模型，与丹麦水力学所、日本 JICA 等单位合作研究了太湖富营养化模型框架，在此基础上，发展了太湖二维水质模拟。该阶段流域数值模型在水文水动力计算的基础上，扩展了水质分析功能，形成了流域河网水量水质模型框架，初步实现了流域水资源保护规划中纳污能力计算、方案效果分析等功能。

第三阶段为 2002 年至今。太湖流域管理局（以下简称太湖局）在开展引江济太、洪水预报、突发水污染事件预测预报以及《太湖流域防洪规划》、《太湖流域水资源综合规划》和《太湖流域综合规划》等流域大型规划编制中，对原有模型进行了耦合及改进，并根据流域治理与管理的新需求形成了基于地理信息系统的太湖流域河网水量水质数值模型，实现了大型平原河网地区河道一维和太湖二维、水量与水质的耦合计算，为引江济太联合调度、应对突发水污染事件以及水资源综合规划中量质并重的水资源配置方案、流域纳污能力核算、流域污染物排放浓度论证等工作提供了技术支撑。

经过 20 多年的研制和不断完善，太湖流域数值模拟水平不断提高，流域数值模型日趋成熟，在论证水环境综合治理考核目标、核定流域水环境容量、比选工程及调度方案、评估措施效益等工作中发挥了重要作用。一是为流域水环境综合治理提供技术支撑。2007 年，在《太湖流域环境综合治理总体方案》编制过程中，太湖局采用该模型分析论证了流域水环境治理近远期目标，核算了流域水环境综合治理区水功能区纳污能力及太湖允许入湖污染负荷量，分析了引排通道工程改善水环境的效果，成果均已纳入《太湖流域环境综合治理总体方案》。二是为流域规划编制及前期论证提供技术支撑。2002—2008 年，在《太湖流域水资源综合规划》编制过程中，太湖局采用流域水量水质模型开展了量质并重的水资源供需计算分析工作，完成了水资源供需平衡分析、河道内外水资源配置格局分

析、流域性重要河湖水资源配置方案论证及流域水功能区纳污能力核算、规划实施效果评价等分析论证工作。2009—2011 年，在《太湖流域水资源综合规划》编制过程中，太湖局采用流域水量水质模型复核分析了流域防洪工程布局、水资源配置方案、水功能区纳污能力等；综合提出了流域综合治理重点工程及调度，并对规划工程效果进行了分析评价。三是为流域调度管理及科研提供技术支撑。2010—2011 年，太湖局在《太湖流域洪水与水量调度方案》编制过程中，采用流域水量水质模型优化了太湖防洪控制水位、引水限制水位等关键调度指标。2010—2012 年，在太湖流域水量分配管理中，太湖局根据太湖流域水流往复不定、区域间水量交换频繁、河道内外用水与河网紧密联系等特点应用流域水量水质模型开展了现状工况及规划工况河道内外水量分配和重要河湖水量分配方案模拟分析，提出了流域水量分配方案和主要调度意见，为落实最严格水资源管理制度奠定了基础。

1.2.2 存在的技术问题

当前，对于河道水流和水质预测，为了减小数值计算误差，需要将计算网格划分得很细。同时，由于河道流域规模一般都比较大，对于比较大的计算域进行模拟需要布置的网格节点也比较多。如果网格节点过多，计算工作量将成倍甚至成指数增长，对于计算机的计算速度要求比较高。为了追求计算能力的提高，从元器件到工艺，从大型高性能计算机到个人 PC 机，硬件的性能一直在高速发展着，但是同时由于受计算机元器件物理性能的限制，单机速度的提高也是极其有限的。

现阶段，计算机系统结构的改进主要围绕着并行处理技术展开。高性能并行计算机的出现和发展使得大型科学与工程计算，特别是高维复杂问题的计算成为可能。当前高性能并行计算技术水平已经成为一个国家经济和科技实力的综合体现，为此一些国家都制定了相应的战略计划，其中最为著名的就是美国的"高性能计算和通信"（High Performance Computing and Communication，HPCC）和"加速战略计算创新"（Accelerated Strategic Computing Initiative，ASCI）[1]。我国在"863"高科技研究发展计划和国家"973"基础研究计划重大项目中也有对应项目，并设立有专门的国家高性能计算基金。并且近几年来，随着计算机运算速度大幅提高，价格低廉，同时局域网技术已十分成熟，高性能互联网的拓扑结构和处理器之间的距离已不再是影响并行机系统性能的关键因素，为利用计算机组建并行计算集群提供了高性价比条件，从而被各阶层用户所接受，正逐步成为并行编程的主要平台[2]。

并行计算所要解决的问题通常包括大量的复杂计算和数据通信与处理，此类需求主要有如下几种：

（1）计算密集（Compute Intensive）型应用，如大型科学工程计算与数值模拟。

（2）数据密集（Date Intensive）型应用，如数字图书馆、数据仓库、数据挖掘和计算可视化等。

（3）网络密集（Network Intensive）型应用，如协同工作、遥控和远程医疗诊断等。

对于河道二维水动力及水质模拟属于计算密集应用问题，有限体积模型网格经常达到几万甚至几百万。但是采用单个 PC 机需要的时间长，内存容量易受限制。一般模型运行是在设定工况的条件下进行，运行过程中基本资料不能修改。在率定计算中，是

在计算完成后整合计算结果，通过与实测资料的对比，进行修改参数。参数一旦修改，再进行计算，如此往复，但一些大的计算模型运行一次就需要几天甚至几周时间，这样就给模型的率定带来了巨大的困难，从而使得分析人员不得不减小计算规模，将网格划分更粗，但这样将导致计算结果可靠性降低。如黄河下游计算区域从花园口至利津，长约 660km，若含滩区及滞洪区，则计算区域面积达 4000km^2 左右。按主槽、滩地平均单元边长 50m 计算，网格量达 160 万个以上，即使采用显格式计算方法，单机计算下游洪水的演进过程，所需时间也远大于天然洪水的实际传播时间。也就是说，针对黄河下游的大区域平面一维计算，从洪水预报的角度来讲，单机计算是没有意义的。并行计算系统的大容量、高速度已经逐步成为多传质、大尺度、多维模型研究和应用的 "助推器"。太湖流域是平原河网地区，如果用二维水动力模型进行模拟，也存在同样的问题。

众所周知，水动力模型计算所需要的参数是众多的。如每条河道的大断面资料、河道编号、首末节点号、糙率等。传统的数值模型是将这些数据存储于文本文件中，文件每行每个数据对应一个参数。此文件一般人是看不懂的，因为里面只有一大堆的数据，也不知道每个数据的具体含义。因此，通常需要专业人员才能对此文件进行编辑，而且由于没有数据检验功能，如果输错参数，计算结果全部无用，耗时耗力。出于传统数值模型的众多缺陷，当前国外的商业模型已将模型与 GIS 紧密结合在一起，可以通过系统界面方便地进行参数设置，计算结果也能直观地在地图上显示出来，大大提高了模型的易用性。

1.2.3　研究目标

当前环境水力学数值模拟差分求解格式可以分为显格式、隐格式、显隐交替格式等。本书以一维、二维水动力水质数值模拟为例，分别根据显格式、隐格式求解特点，探索各自并行求解思路及方法，为提高数值模拟计算速度提供技术支持。同时，将模型与 ArcGIS 紧密结合，构建太湖流域水环境数值模拟系统，为模拟不同情景下太湖流域水环境状况提供计算工具，并可通过系统直观表达计算结果。

1.3　国内外研究进展

1.3.1　并行平台应用现状

1. 并行计算与并行计算体系结构

并行计算（Parallel Computing），就是在并行计算机上所做的计算，通常也可称高性能计算（High Performance Computing）或超级计算（Super Computing），是将一项大的数据处理与数值计算任务（或任务的局部）分裂成为多个可相互独立、同时进行的子任务，并通过对这些子任务相互协调的运行和实现，从而达到快速、高效求解给定问题的处理方法[3]。随着计算机和计算方法的飞速发展，几乎所有的学科都走向了定量化和精确化，从而产生了一系列诸如计算物理、计算化学、计算生物学、计算地质学等计算类科学，逐渐形成了一门计算性的学科分支，即计算科学。如今，计算科学已经成为继理论科

学及实验科学之后的第三门科学。计算科学的理论和方法，作为新的研究手段和新的设计与制造技术的理论基础，正推动着当代科学与技术向纵深发展。通常，针对计算科学中的复杂问题，传统的单机模式往往在完成时间和运行效果上无能为力，而并行计算则被认为是解决此类问题的唯一可行途径。

（1）并行计算机的发展历程。并行计算机的发展可分为 4 个阶段[4]：

1）同步并行计算技术的预研期，并行机的研究大多属于概念性的范畴（1972 年以前）。

2）同步并行计算实践期，异步并行计算预研期（20 世纪 70 年代）。1974 年 CDC STAR－100 向量机在美国的 Lawrence Livermore 国家实验室投入使用；1976 年 Cray 研究公司推出的向量式并行处理机在 Los Almos 实验室运转。1976 年后，控制数据公司的 STAR－100 改进为 Cyber205，Cray－1 改进为 Cray－1s，并投入批量生产。一批功能强大的并行机相继投入使用，使并行机的研究从初期就呈现出一副欣欣向荣的局面。

3）同步并行计算成熟期，异步并行计算实践期（20 世纪 80 年代）。各种规模的巨型机、超立体机和脉动机迅速问世，并相继投入使用。例如，日立公司的 S－820/80 巨型机、Intel 公司的 Ipsc 簇超立体机、H. T. Kung 研制的 Warp 脉动阵列机。

4）异步并行计算技术成熟期（20 世纪 90 年代以后）。NEC 研制出第一台日本生产的超级并行向量处理机 SX－3，其每台机器含有 4 个处理器，每个处理器含有 4 条数据流水线，共有 4G 内存。

（2）并行计算机结构。大型并行机系统的结构模型一般可分为 6 类：单指令多数据流机 SIMD（Single－Instruction Multiple－Data）；并行向量处理机 PVP（Parallel Vector Processor）；大规模并行处理机 MPP（Massively Parallel Processor）；对称多处理机 SMP（Symmetric Multi Processor）；分布共享存储多处理机 DSM（Distributed Shared Memory）；工作站机群 COW（Cluster of Workstation）。

1）SIMD：这种结构并行系统中，处理机同步执行相同的指令流，不同的数据流。

2）PVP：系统由专门设计的高带宽网络及定制的处理器组成，一般采用共享存储方式。

3）MPP：大型计算机系统，处理节点采用商品微处理器，采用分布式存储方式及专门设计的高带宽、低延迟网络。

4）SMP：与 MPP 不同的是采用共享式存储方式，每个处理机可等同地访问共享存储器和 I/O 设备。

5）DSM：通过网路互联分布在各节点中的局部存储器，从而形成一个共享的存储器。

6）COW：是近年来发展势头很好的一种体系结构。这类机型的技术起点比较低，用户甚至可以自己将一些服务器或微机通过以太网连接起来，配以相应的管理、通信软件来搭建 Cluster。但是如果要构造高性能、结构合理并具有好的 RAS 特性的 Cluster 却不是一件容易的事情。它使用的是常见的硬件设备，像普通 PC、以太网卡和集线器，很少使用特别定制的硬件和特殊的设备。国内外几乎所有的计算机厂商都有自己的 Cluster 集群产品，如 IBM 的 Cluster1350、联想的深腾系列及曙光的天潮系列等。Cluster 系统通

常具有以下特点：

①系统由多个独立的服务器（在 Cluster 概念下称为节点）通过交换机连接在一起。每个节点拥有各自的内存，某个节点的 CPU 不能直接访问另外一个节点的内存。

②每个节点拥有独立的操作系统。

③需要一系列的集群软件来完成整个系统的管理与运行，包括：Cluster 系统管理软件，如 IBM 的 CSM，xCat 等；消息传递库，如 MPI，PVM 等；作业管理与调度系统，如 LSF，PBS，LoadLeveler 等；并行文件系统，如 PVFS，GPFS 等。

④支持消息传递方式的并行模式，如 MPI，PVM 等。

⑤只能在单个节点内部支持共享内存方式的并行模式，如 OpenMP，pthreads 等。

⑥性能价格比好。

2. 并行编程环境简介

要进行并行计算，软件支撑平台是重要的组成部分之一。廉价并行计算机的支撑环境按并行计算支撑平台可分为 Linda、MPI（Message Passing Interface，消息传递接口）和 PVM（Parallel Virtual Machine，并行虚拟机）等。

（1）Linda。19 世纪 80 年代中期 Linda 平台是美国耶鲁大学的 David Gelernter 开发的，是第一个商业产品应用于 VSM 作为超级计算机和大规模工作站机群平行计算的平台，Linda 是一个关联的、虚拟的共享存储系统。新版的 Linda 开发语言支持 C 和 Fortran，能支持共享内存多指令多数据流系统和分布式内存系统，网络机群等，有较强的稳定性和可扩张性。主要适合于一节点上具有多个处理进程，且进程间同步点较多和全局通信较频繁的应用场合。

（2）MPI。MPI 是消息传递接口的简称，它实际上是一个消息传递函数库的标准说明，提供了一种与语言平台无关，可以被广泛使用的编写消息传递程序的标准。其标准化开始于 1992 年 4 月 29—30 日在威吉尼亚的威廉姆斯堡召开的分布存储环境中消息传递标准的讨论会，初始草案由 Dongarra，Hempel，Hey 和 Walker 于 1992 年 11 月推出，并在 1993 年 2 月完成了修订版，这就是 MPI 1.0。1995 年 6 月推出了 MPI 的新版本 MPI1.1 对原来的 MPI 作了进一步的修改完善和扩充，但是当初推出 MPI 标准时，为了能够使它尽快实现并迅速被接受，许多很重要但实现起来比较复杂的功能都没有定义，比如并行 I/O，当 MPI 被广为接受之后扩充并提高 MPI 功能的要求就越来越迫切了。于是在 1997 年 7 月在对原来的 MPI 作了重大扩充的基础上又推出了 MPI 的扩充部分 MPI-2，而把原来的 MPI 各种版本称为 MPI-1。MPI-2 的扩充很多，但主要是 3 个方面：并行 I/O、远程存储访问和动态进程管理。MPI 以语言独立的形式来定义这个接口库，提供了与 C、Fortran 和 C++语言的绑定。

（3）PVM。PVM 是并行虚拟机，由美国田纳西大学、Oak、Ridge 国家实验室等研制的并行程序开发环境。PVM 可以把多个异构的计算机组织起来成为一个易于管理的、可扩展的、易编程使用的并行计算资源。PVM 围绕"虚拟机"的中心思想展开，即通过网络互联的一系列异构的主机在逻辑上对用户呈现为单一的并行计算机。由于 PVM 强调虚拟机的扩展性、异构性和容错能力，因此它把可移植性看得比性能更重要。PVM 支持在异构网络中应用程序间的通信；含有动态的资源管理和进程控制功能；提供了容错的基

本机制，当发生错误时，可以重新分配任务。

（4）JAVA MPI。由于 MPI 只支持 C、Fortran 和 C＋＋语言的网络分布并行计算编程环境，这就存在 MPI 应用程序在不同系统间的二进制兼容的问题，将 JAVA 语言与 MPI 结合起来，提供 MPI 对 JAVA 语言的支持，使用 JAVA 语言编写的并行程序将具有跨平台的功能。张晓军[5]等人通过 JAVA 语言调用 MPI 的 C 语言函数库，将 C 语言的参数数据类型转换成 JAVA 支持的数据类型，调用 MPI 的库函数，从而将 JAVA 与 MPI 结合起来。

（5）MPI 与 PVM 的比较。目前较为常用的并行编程环境为 MPI 与 PVM。

1）移植性。基于 MPI 的并行应用程序可以几乎不做修改便可在不同型号的并行机之间转移，或转移到网络环境中运行。PVM 的应用程序可以在两组不同的计算机群之间移植，而不可能把并行应用程序完全移植到单个的并行机上去运行。所以说，从可移植性上 MPI 相对于 PVM 有着无可比拟的优势。

2）通信模式。MPI 提供了点到点通信和集合通信。在点到点通信中，发送只有阻塞式，接收有阻塞式和非阻塞式两种，非阻塞式通信机制可以在硬件设备的支持下，实现通信和计算的并行，而 PVM 没有这种功能。在集合通信中，MPI 提供了更多的全局操作函数，支持广播、分散、收集、多收集、多对多等过程组内多进程数据通信操作，此外 MPI 还支持进程组内多进程数据运算操作。相比较而言，PVM 虽然也提供了一些集体通信操作函数，但是在集体通信函数数量、功能以及对数据处理的复杂程度等方面远不如 MPI。

3）安全通信。MPI 中提供了通信子（Communicator）的概念，所谓通信子就是点对点通信只能在属于同一通信子的节点机间进行，通信子对其起屏蔽作用。即使形式上完全相同的通信操作，只要其所属的通信子不同，MPI 就视其为截然不同的两次操作。通信子的存在，保证了可靠安全的通信环境，避免了通信空间的出错，提供了可靠的通信接口。PVM 类似于 MPI，也提供了使一组任务获得唯一的上下文标签的函数。在 PVM 中，当属于一个任务组（具有唯一的上下文标签）的一个任务失败后，容许一个新的任务使用这个唯一的上下文，从而提供了容错的功能，但也引入了冲突的可能。例如当一个任务的失败导致了整个任务组失败，其拥有的唯一的上下文标签被释放，此时如果有一个具有此上下文的新任务生成，则将会引起冲突。

4）进程管理。MPI－1 完全是静态的，它认为所有进程是事先静态初始化好了，尽管 MPI－2 在此进行了改进，提供了增加一组进程组的函数及组内进程间发送控制信息的函数，可是并不支持对动态进程的查询。但 MPI 中对任务分配提供了笛卡尔拓扑和图拓扑来分配资源，有可能充分利用硬件的特性来达到简化设计，提高效率。PVM 建立在虚拟机的概念上，有完全的资源管理功能。用户既可以增加或删除计算资源（即计算机节点），也可以把任务（通常表现为进程）从一个计算机节点转移到另一个计算机节点。同时，PVM 提供了动态查询和管理虚拟机中各个任务及计算机节点状态的函数，从而使用户的应用程序可以通过与 PVM 虚拟机的动态交互，管理自己的计算环境，为实现计算环境的负载平衡、任务迁移和容错提供了强有力的支持。

3. 调度算法简介

在工作站网络（NOW）环境中，由于任务到达的随机性以及各节点处理能力上的差异，会造成某些节点分配的任务过多（重载），而另外一些节点却是空闲的（轻载或空载）。一方面使重载节点上的任务尽可能快地完成是当务之急；另一方面使某些节点空闲是一种浪费。负载均衡设法对已经分配的任务进行重新调度，并通过任务迁移使各节点负载大致相等，避免这种空闲和忙等待并存的情况，有效提高网格资源的利用率，减少任务的平均响应时间。

根据调度节点的数量，调度策略可分为集中式调度和分布式调度。集中式调度能够减少通信的开销，但是其调度的规模如果较大，易产生通信瓶颈等问题。分布式调度信息实时性强，可靠性好，易扩充。但通信开销大，算法设计复杂，不易管理。

根据调度策略执行的时期，生产调度分为动态调度和静态调度两大类。Jackson[6]于1957年对静态调度和动态调度的概念作了区分。静态调度是在已知调度环境和任务的前提下的所谓事前调度方案。动态调度是指在调度环境和任务存在着不可预测的扰动情况下的调度方案，它不仅依赖于事前调度环境和任务，而且与当前状态有关。静态任务调度算法要求事先知道完整的任务依赖关系和准确的任务执行时间。这些要求在实际应用中很难得到满足。因此，在集群系统的任务调度问题中，大多数的系统采用的是动态调度算法。

动态调度的概念出现较早，最初的研究主要采用最优化方法，Matsuura[7]提出的重调度算法，首先用分支定界法产生一个调度，当工况发生变化时，再用调度规则来分配工件。随着调度问题规模的增大，上述方法的求解难度将急剧增加，因而最优化方法往往不能适应生产实际对实时性的要求。此外，该类方法大多基于某些理想化的假设，远不能充分反映实际生产环境的复杂性，而且要充分表达实际生产环境的随机性和动态性也极为困难，所以单独使用此类方法来解决动态调度问题是不现实的。

近年来，计算机技术的迅速发展以及人工智能、神经网络、遗传算法和仿真技术等新方法的产生和发展，为动态调度的研究开辟了新思路，也为生产调度的实用化奠定了基础。TDS算法在调度长度（schedule length）方面，基本上比在它以前出现的所有算法都优越，因为它通过任务复制减少了通信时间。但是，TDS算法没有考虑节省处理器个数的问题，这会降低算法的加速比。Sim等[8]提出一种专家神经网络方法，该方法用16个神经网络分别从相应的训练样本集中获取调度知识，用专家系统确定各子网的输入。由于神经网络的训练由16个子网分担，并且各子网可以并行训练，从而减少了训练时间。Lee等[9]用遗传算法和机器学习来解决单件车间的调度问题，用机器学习来产生将工件下发到车间层的知识库，而用遗传算法在各台机器上分配工件。

蚁群算法是由 Dorigo[10] 提出的解决组合优化问题的一种多智能代理方法。其模拟自然界中蚂蚁觅食路径的搜索过程。蚂蚁在寻找食物时，能在其走过的路径上释放信息素（pheromone），蚂蚁在觅食过程中能够感知信息素的存在和强度，并倾向于朝信息素强度高的方向移动。当大量蚂蚁不断地从蚁巢通往食物的道路时，相同时间内相对较短路径上通过的蚂蚁较多，该路径上累积的信息素强度也较大，后来蚂蚁选择该路径的概率也相对较大，最终整个蚁群会找到最优路径。许智宏，孙济洲[11]将蚁群算法应用到网格计算任

务调度中，其将一组需调度的任务定义为一只蚂蚁，随机地分配到网络的各节点上，每只蚂蚁根据当前各资源的信息素值决定自己解域的下一任务分配给剩余各资源的概率，对每只蚂蚁的分配结果计算目标函数，选当前计算时间最小值为最佳解，将信息素恢复至本组任务调度前的值，然后重复以上过程，到达终止步时，选得最优解作为本组任务的分配方案。

粒子群优化算法（PSO）是由 James Kennedy 博士和 R. C. Eberhart 博士于 1995 年提出的。该算法源于对鸟群、鱼群觅食行为的模拟。在 PSO 中，首先初始化一群随机粒子（随机解），然后通过迭代寻找最优解。在每一次迭代中，粒子通过跟踪两个极值来更新自己的速度和位置。第一个就是粒子本身所找到的最优解，这个解叫做个体极值；另一个极值是整个种群目前找到的最优解，这个极值是全局极值，另外也可以不用整个种群而只是用其中一部分作为粒子的邻居，那么在所有邻居中的极值就是局部极值。PSO 算法简单易实现，不需要调整很多参数，主要应用于有神经网络的训练、函数的优化问题等。刘志雄，王少梅[12]将港口拖轮作业调度问题描述为一类带特殊工艺约束的并行多机调度问题，采用粒子群算法求解该类调度问题，提出了一种二维粒子表示方法，通过对粒子位置向量进行排序生成有效调度，并采用粒子位置向量多次交换的局部搜索方法来提高算法的搜索效率。

1.3.2　流体力学中常用的数值离散方法

1. 有限差分法（FDM）

有限差分法（Finite Difference Method）是计算机数值模拟最早采用的方法，至今仍被广泛运用。该方法将求解域划分为差分网格，用有限个网格节点代替连续的求解域。有限差分法以 Taylor 级数展开的方法，把控制方程中的导数用网格节点上函数值的差商代替进行离散，从而建立以网格节点上值为未知数的代数方程组。该方法是一种直接将微分问题转为代数问题的近似数值解法，数学概念直观，表达简单，是发展较早且比较成熟的数值方法。对于有限差分格式，从格式的精度来划分，有一阶格式、二阶格式和高阶格式。从差分的空间形式来考虑，可分为中心格式和逆风格式。考虑时间因子的影响，差分格式还可以分为显格式、隐格式、显隐交替格式等。目前常见的差分格式，主要是上述几种形式的组合，不同的组合构成不同的差分格式。差分方法主要适用于有结构网格，网格的步长一般根据实际地形的情况和柯朗稳定条件来决定。

二维水流模拟时常采用交替方向隐式法（ADI），ADI 法是将高维问题的计算逐层分解为若干绝对稳定的一维隐格式形式，该方法又包括多种不同的差分格式（如 P－R 格式、D 格式、D－R 格式等），其中有些格式可以由二维扩展到三维，有些则不能应用于三维计算，但 ADI 法不适用于含有混合偏导数的情况。

差分方法的计算精度较其他一些方法稍低，从理论上讲可以通过提高差分阶数来提高计算精度，但又会带来一些不便；差分方法的另一个弱点是，传统的矩形网格不能较好地适应复杂的边界，但近年来提出的梯形和三角形网格等以及边界拟合坐标法[13,14]，将会适当弥补差分方法的缺憾。

2. 有限体积法（FVM）

有限体积法（Finite Volume Method）又称为控制体积法。其基本思路是：将计算区

域划分为一系列不重复的控制体积，并使每个网格点周围有一个控制体积；将待解的微分方程对每一个控制体积积分，便得出一组离散方程。其中的未知数是网格点上的因变量的数值。为了求出控制体积的积分，必须假定值在网格点之间的变化规律，即假设值的分段的分布剖面。从积分区域的选取方法来看，有限体积法属于加权剩余法中的子区域法；从未知解的近似方法来看，有限体积法属于采用局部近似的离散方法。简言之，子区域法属于有限体积法的基本方法。

有限体积法的基本思路易于理解，并能得出直接的物理解释。离散方程的物理意义，就是因变量在有限大小的控制体积中的守恒原理，如同微分方程表示因变量在无限小的控制体积中的守恒原理一样。有限体积法得出的离散方程，要求因变量的积分守恒对任意一组控制体积都得到满足，对整个计算区域，自然也得到满足。这是有限体积法的优点。有一些离散方法，例如有限差分法，仅当网格极其细密时，离散方程才满足积分守恒；而有限体积法即使在粗网格情况下，也显示出准确的积分守恒。就离散方法而言，有限体积法可视作有限单元法和有限差分法的中间物。有限单元法必须假定值在网格点之间的变化规律（既插值函数），并将其作为近似解。有限差分法只考虑网格点上的数值而不考虑值在网格点之间如何变化。有限体积法只寻求节点值，这与有限差分法相类似；但有限体积法在寻求控制体积的积分时，必须假定值在网格点之间的分布，这又与有限单元法相类似。在有限体积法中，插值函数只用于计算控制体积的积分，得出离散方程之后，便可忘掉插值函数；如果需要的话，可以对微分方程中不同的项采取不同的插值函数。

针对采用不同的计算网格，控制体积法也派生出一些不同的方法，其中使用较多的是四边形正交贴体网格。在采用四边形网格时，由于对控制体积积分时包含了相间节点的压力差，可能使计算程序无法辨别均匀的合理压力场与不符合实际的、交错的波状压力场；同样，在离散连续性方程时，也可能出现满足连续方程，却不符合实际的波状速度场，从而导致不正确的结果。为此，往往采用交错网格，将不同的物理量布置在不同的节点上，交错网格可以解决波状压力场和速度场的问题，但采用交错网格时，要在计算前插值生成相应的副网格，对计算的最终结果还要进行插值转换，才能统一得到主网格上的各种变量值，因此，计算复杂程度和计算量都有所增加。此外，针对生成三维正交网格存在诸多困难，王晓建、张廷芳采用非正交贴体网格的控制体积法[15]。

3. 有限元方法（FEM）

有限元方法（Finite Element Method）于 1983 年由 Hughes T J R、Levit Ⅰ、Winget J 提出，最初用于热传导问题的有限元分析中。其基础是变分原理和加权余量法，其基本求解思想是把计算域划分为有限个互不重叠的单元，在每个单元内，选择一些合适的节点作为求解函数的插值点，将微分方程中的变量改写成由各变量或其导数的节点值与所选用的插值函数组成的线性表达式，借助于变分原理或加权余量法，将微分方程离散求解。采用不同的权函数和插值函数形式，便构成不同的有限元方法。根据所采用的权函数和插值函数的不同，有限元方法也分为多种计算格式。从权函数的选择来说，有配置法、矩量法、最小二乘法和伽辽金（Galerkin）法，从计算单元网格的形状来划分，有三角形网格、四边形网格和多边形网格；从插值函数的精度来划分，又分为线性插值函数和高次插

值函数等。不同的组合同样构成不同的有限元计算格式。对于权函数，伽辽金法是将权函数取为逼近函数中的基函数；最小二乘法是令权函数等于余量本身，而内积的极小值则为对代求系数的平方误差最小；在配置法中，先在计算域内选取 N 个配置点，令近似解在选定的 N 个配置点上严格满足微分方程，即在配置点上令方程余量为 0。插值函数一般由不同次幂的多项式组成，但也有采用三角函数或指数函数组成的乘积表示，但最常用的是多项式插值函数。有限元插值函数分为两大类：一类只要求插值多项式本身在插值点取已知值，称为拉格朗日（Lagrange）多项式插值；另一类不仅要求插值多项式本身，还要求它的导数值在插值点取已知值，称为哈密特（Hermite）多项式插值。单元坐标有笛卡尔直角坐标系和无因次自然坐标系，有对称和不对称等。常采用的无因次坐标系是一种局部坐标系，它的定义取决于单元的几何形状，一维看作长度比，二维看作面积比，三维看作体积比。在二维有限元中，三角形单元应用的最早，近来四边形等单元的应用也越来越广。对于二维三角形和四边形单元，常采用的插值函数为有 Lagrange 插值直角坐标系中的线性插值函数及二阶或更高阶插值函数、面积坐标系中的线性插值函数及二阶或更高阶插值函数等。

4. 边界单元法（BEM）

边界单元法（Boundary Element Method）起源于应用数学，在 21 世纪计算水力学界受到越来越多的关注，并成为一种重要计算方法。与 FDM 及 FEM 相比，BEM 是一种非常有效的求解偏微分方程（Partial Differential Equations）的方法。边界单元法是将区域的边界划分为一系列的单元，以微分方程的边值问题借助于微分方程的基本解化为边界积分方程，再在离散的边界上化为代数方程组求解。BEM 的优势是只需在边界，而 FEM 和 FVM 需要在整个计算域离散偏微分方程。非常遗憾的是用边界单元法只能求解某一类偏微分方程，不像有限差分和有限元方法能对所有的偏微分方程都适用。但是用边界单元法所能求解的偏微分方程，其相对于其他方法较易使用并有较高的计算效率。

5. 各种方法的比较

（1）有限差分法。直观，理论成熟，精度可选。但是不规则区域处理繁琐，虽然网格生成可以使 FDM 应用于不规则区域，但是对区域的连续性等要求较严。使用 FDM 的好处在于易于编程，易于并行。

（2）有限元方法。适合处理复杂区域，精度可选。缺憾在于内存和计算量巨大。并行不如 FDM 和 FVM 直观。不过 FEM 的并行是当前和将来应用的一个不错的方向。

（3）有限体积法：适于流体计算，可以应用于不规则网格，适于并行。但是精度基本上只能是二阶。FVM 的优势正逐渐显现出来，FVM 在应力应变，高频电磁场方面的特殊的优点正在被人重视。

上述各种方法并不是相互孤立、毫不相关的，它们之间有着一定的联系，一方面表现为解决问题思路的借鉴和改造，如有限体积法就吸收了有限差分法与有限元方法的思路；另一方面，在解决具体问题时，除了选择单一的方法外，还可以联合采用多种不同的方法，如区域分裂法[16]、分步法[17,18]和差分结合有限元法[19,20]等。

1.3.3 非点源数值模型研究现状

概括地讲，水体的污染源可以划分为点源、面源（也称为非点源）和内源。点源主要来自于工业和生活污水的集中排放，非点源污染的来源比较广泛，其中以来自农业的面源污染最为突出，内源主要指水系沉积物的释放。

随着点源污染控制能力的提高，面源污染的严重性逐渐显现出来。在美国即使达到零排放，仍然不能有效控制水体污染，由此可见面源污染控制的重要性；我国对污染物排放实行总量控制，但这只对点源污染的控制有效，对面源污染的控制没有意义。在我国强化工业和生活污水排放与治理的同时，面源污染的控制也应积极开展和加强，否则水体污染不会得到根本性的好转。

农业面源是最为重要且分布最为广泛的面源污染，三峡大坝库区1990年的统计资料也表明，90%的悬浮物来自农田径流，氮、磷大部分来源于农田径流。21世纪，面对巨大的人口压力，我国农业土地资源的开发已接近超强度利用，化肥农药的施用成为提高土地产出水平的重要途径。因此，面源污染的控制关系到农业及区域社会经济的可持续发展。

目前，对农业非点源污染的研究方法主要有野外实地监测、人工模拟降雨和非点源污染模拟计算3种。在进行非点源污染的量化研究、影响评价和污染治理时，建立模拟数值模型，进行时间和空间序列的模拟是最为有效和直接的研究方法。随着人们对非点源污染研究的深入，理论的成熟，监测的完善，非点源污染数值模型取得了长足的进步，定量计算方法也日趋完善。

人类开始全面认识和研究水质模型的历史可分为3个阶段：

第一阶段：1925—1980年。模型研究对象仅是水体水质本身，被称为"自由体"阶段。也就是说，在这一阶段模型的内部规律只包括水体自身的各水质组分的相互作用，其他如污染源、底泥、边界等的作用和影响都是外部输入。

第二阶段：1980—1995年。这个阶段可以作为水质模型研究快速发展的第二阶段。这一阶段模型的发展有：①状态变量（水质组分）数量有所增加；②在多维模型系统中纳入了水动力模型；③将底泥等作用纳入了模型内部；④流域模型进行连接以使面污染源能被连入初始输入。

第三阶段：1995年至今。随着发达国家对面污染源控制的增强，面源污染减少了。而大气中污染物质沉降的输入，如有机化合物、金属（如汞）和氮化合物等对河流水质的影响日显重要。虽然营养物和有毒化学物由于沉降直接进入水体表面已经被包含在模型框架内，但是，大气的沉降负荷不仅直接落在水体表面，也落在流域内，再通过流域转移到水体，这已成为日益重要的污染负荷要素。从管理的发展要求看，增加这个过程需要建立大气污染模型，即对一个给定的大气流域（控制区），能将动态或静态的大气沉降连接到一个给定的水流域。所以，在模型发展的第三阶段，增加了大气污染模型，能够对沉降到水体中的大气污染负荷直接进行评估。

主要水质模型有如下7种。

1. Delft-3D

Delft-3D是目前世界上最为先进的三维水动力-水质模型系统之一，尤其是它支持曲

面格式。系统能非常精确地进行大尺度的水流（Flow）、水动力（Hydrodynamics）、波浪（Waves）、泥沙（Morphology）、水质（Waq）和生态（Eco）的计算。Delft-3D采用Delft计算格式，快速而稳定，完全保证质量、动量和能量守恒；并通过与法国EDF合作，Delft-3D已经实现了类似TeleMac的有限元方法（Finite Element Method）计算格式供用户选择；系统自带丰富的水质和生态过程库（Processes Library），能帮助用户快速建立起需要的模块。此外，在保证守恒的前提下，水质和生态模块采用了网格结合的方式，大幅度降低了运算成本。系统实现了与GIS的无缝链接，有强大的前后处理功能，并与Matlab环境结合，支持各种格式的图形、图像和动画仿真。

2. AGWA（Automated Geospatial Watershed Assessment）

AGWA是由美国西南部流域农业研究中心和美国环保署联合开发的基于GIS接口农业非点源模型前处理软件。AGWA模型由过去的集中式水文模型改进为分布式水文模型。而一般的分布式模型所需的大量输入数据以及参数构建一直是使用这些复杂模型的障碍。AGWA的开发目的如下：

（1）为水文模型确定参数提供一个简单、直接、可重复利用的方法。

（2）充分利用基础的GIS数据。

（3）与其他基于GIS的流域环境模拟软件兼容。

（4）为将来不同尺度模拟中可选择不同的模型进行模拟，提供一个基础平台。

AGWA包括两个现有模型即进行大流域长期模拟的模型SWAT和以小流域单降雨事件为基础的分布参数模型KINEROS2。AGWA提供基于GIS的框架来收集模型所需的空间分布数据，通过它来进行输入数据的前处理以及模拟结果的分析。

AGWA是ESRI（Environmental Systems Research Institute）公司ArcView的一个应用扩展软件，提供的GIS框架支持所有以地形数据为驱动的模型的输入数据及计算结果的基于GIS的空间分析与显示。而且AGWA能够与其他基于ArcView的模型如ATILA（U. S. Environmental Protection Agency's Analytical Tool Interface for Landscape Assessment）和BASINS（Better Assessment Science Integrating Point and Nonpoint Sources）共享框架，从而使得可以将不同模型计算的结果在同一个平台中进行比较。AGWA还支持一个模型的数据输出作为另一个模型的输入，为将来的模型开发与模拟提供了便利。

3. ANSWERS（Areal Nonpoint Source Watershed Environment Response Simulation）& ANSWERS-2000

20世纪60年代晚期，普渡大学的农业工程系开发研制了ANSWERS模型，它是一个以降雨事件为基础的分布式物理模型，其用来模拟流域管理措施对减少泥沙和营养物在流域内的迁移以及通过设置过滤带来减少土壤中的氮向河流中转移而开发的数值模拟模型。

ANSWERS适合于缺资料地区进行数值模拟，其将流域划分成均匀的小于$1hm^2$的网格，在网格内部参数都是相等的。ANSWERS用Holton产流理论来模拟水流在土壤中的流动。

Beasley和Huggins在20世纪70年代对模型进行了改进和完善，使模型可用于次降

雨条件下的表面径流模拟和土壤侵蚀量的测算,并能模拟分析农业地区雨后及降雨期间流域水文特征的分布式模型。ANSWERS 模型的近期版本 ANSWERS - 2000 在养分模块对入渗进行了校正与改进,并加入了土壤水分蒸发及渗漏过程与植物生长部分,可以进行多场降雨的连续模拟。ANSWERS - 2000 模拟了稳定性有机态氮、活性有机态氮、硝态氮和氨态氮等 4 个氮源的转化与相互作用。养分的转化包括模拟的氨化作用与硝化作用、化合物的矿化、反硝化作用、植物对铵与硝酸盐的吸收。

ANSWERS 模型的一个主要的弱点是其侵蚀模块,该模块在很大程度上是经验性的而且仅模拟了总泥沙迁移过程。

4. AGNPS (Agricultural Non - point Source) & AnnAGNPS (Annualized AGNPS)

20 世纪 80 年代初,由美国农业研究局(ARS)、明尼苏达污染控制局和自然保护局(NRCS)共同研发的农业非点源模型 AGNPS。早期的 AGNPS 是以单降雨事件为基础的(Event - based)分布式参数模型,后来做了许多改变,在原来模拟一次降雨过程的基础上,增加了长时间系列的模拟,成为一个流域系统评估的管理决策工具,并与 ArcView GIS 平台进行了集成。模型包括以下特点:

(1)基于数据库的数据输入和编辑模块。

(2)流域内农业年均污染负荷模型(AnnAGNPS)。

(3)计算结果格式化输出和分析模块。

(4)CCHE1D(计算机水科学及工程中心的一维河道)模型,设计用于集成河道发育中的特征与丘陵地负荷影响的河流网络程序。

(5)ConCEPTS(保持河道发育和污染传输系统)模块,设计用于预测和量化堤岸侵蚀的影响,河床沉积及退化,污染物的沉积或携带,河岸边的植被形态和污染负荷等。

(6)SNTEMP(溪流网络水体温度)模块,用于预测日均,最大和最小水温的模块。

(7)SIDO(沉积物的侵扰和溶解氧)模块,是专门为评价或量化污染负荷及其他一些威胁因素对鲑科鱼产卵区、生活栖息地的影响而设计的一套鲑科鱼生命周期模型。

AGNPS 模型可以模拟农业水域产生的径流量、泥沙的迁移和土壤的侵蚀,也可以模拟农业污染物(如氮、磷、有机碳、农药)等的迁移及污染负荷。它主要由三部分组成:径流子模型、产砂子模型和水质子模型。其中径流子模型采用 SCS 算法计算径流量;产砂子模型采用通用土壤流失方程(USLE)模拟土壤侵蚀和泥沙迁移,其最新的版本如 AnnAGNPS 已采用修订的通用土壤流失方程(RUSLE);水质子模型又包括作物养分模型和农药模型,其中作物养分模型用于计算田块径流中溶解态及吸附态氮、磷的流失量,农药模型则重点考虑了不同管理措施对农药污染的影响。

5. KINEROS - 2

KINEROS - 2 是于 1990 年由 Woolhiser 研发的 KINEROS 农业非点源模型的改进版本。KINEROS - 2 是面向事件的、以物理背景为基础的分布式水文模型。由于它未考虑多场降雨过程中前一场降雨对土壤湿度的影响以及土壤水分蒸发损失,因此该模型主要用于模拟小流域产流和土壤侵蚀过程。建议流域面积小于 1000 英亩(1 英亩 = 4046.86m²)

能获得较好的结果。产流机制采用基于霍顿改进的下渗理论。KINEROS-2 将流域水流划分成均匀的平原坡面流和明渠流单元。一维水流运动方程采用有限差分对圣维南方程进行数值离散。

KINEROS-2 模型土壤侵蚀率为降雨和河道水流对土壤冲刷率之和，最大侵蚀能力的计算采用 Engelund-Hansen 方程。模型在地表流中任何一点要严格遵守质量守恒。模型参数包括饱和传导率 (K_s)、气孔分布系数 (λ)、气孔压力 (ψ_b)、静载荷载 (G)、多孔性 (φ)、土壤初始含水量 (S_i)、明渠糙率 (n_{ch})、滩地糙率 (n_p)、传输系数 (c_g)、雨点冲刷系数 (c_f)、平均粒径 (d_{50})。Kalin and Hantush 将 KINEROS-2 应用在 W-2 流域对模型参数进行了敏感性分析发现，土壤初始含水量 (S_i) 对分析结果有较大的影响，并且在土壤较干燥的条件下，模型对较多的参数敏感，因此率定较为困难。

6. DWSM (Dynamic Watershed Simulation Model)

伊利诺斯州水文调查局开发的 DWSM 模型采用基于物理背景的控制方程来模拟地表和地下径流、农业非点源污染物在土壤中的迁移与转化。其支持多场降雨过程的模拟。

（1）DWSM 主要包括以下模块：

1）DWSM-Hydrology (Hydro)：流域水文模拟模块。产流机制采用 Smith-Parlange 下渗理论。运用谱方法（shock fitting solution）模拟坡面流。

2）DWSM-Sediment (Sed)：土壤侵蚀和沉积物迁移模拟模块。土壤侵蚀包括降雨侵蚀和河道侵蚀两方面。沉积物迁移假设沉积物在到达水库后将不再移动。土壤和沉积物根据颗粒大小分为五类：沙子（sand）、淤泥（silt）、黏土（clay）、细颗粒（small aggregate）和粗颗粒（large aggregate）。在迁移模拟过程中每一种颗粒被分别处理，最后的沉积物浓度和迁移量为五种类别之和。

3）DWSM-Agricultural chemical (Agchem)：农业非点源污染物（营养物和杀虫剂）在土壤中的迁移转化模拟模块。模型假设污染物的吸附和溶解符合线性吸附等温线，运动波模拟时所有的加速度和压力梯度在动量方程中被忽略。土壤被细分为土层，每一层土中的参数被认为是一致的。当降雨产生时，污染物以溶解的形式在土层之间进行交换，残留的污染物以溶解的形式随地表径流和以吸附的形式随沉积物进行迁移。这个过程通过连续方程进行模拟。

（2）每个模块都使用基于物理背景的近似方程来模拟流域内水流、沉积物和污染物水量过程。模型主要特点如下：

1）流域农业非点源数值模拟。

2）分布式、降雨事件触发式模型。

3）超渗产流机制中，地表水和地下水相互转化的动态模拟。

4）土壤侵蚀和沉积物迁移模拟。

5）污染物迁移和转化模拟。

6）河道侵蚀和沉积，河道和水库中水流、沉积物和污染物的流动与迁移模拟。

7）滞留池、地被植物、瓦管排水沟的滞水模拟。

（3）模型的缺陷如下：

1）只能进行降雨的单事件模拟。

2）只能进行流域农业非点源模拟。

3）河道水流只能进行一维模拟。

7. HOHY2

由于国外模型大多是对于山丘型流域进行模拟，而太湖流域为大型平原感潮河网地区，直接应用国外商业模型软件存在大量的问题和难题需要研究，在国外有关的文献中很难找到解决这些问题的理论和方法。1990 年河海大学程文辉老师针对太湖流域研发的HOHY 模型对太湖流域洪水模拟取得较好的效果。1994 年起与荷兰 Delft 水力学所共同承担了太湖流域世行贷款项目——"太湖流域三年水质研究"，其中太湖流域的水量模型是由河海大学负责开发，该研究于 1997 年年底完成。通过 3 年多研究，太湖流域模型不仅覆盖了全流域，而且完成了大湖泊二维与河网一维计算的有机结合，在计算方法、计算精度及程序通用性方面有了很大改进。为了区别于 HOHY1，命名为 HOHY2 模型。与20 世纪 90 年代初 HOHY1 相比，HOHY2 主要有以下几方面的改进[21-25]：

（1）数值求解方法的改进，方程组中可以包含非线性方程，因此堰流公式不必线性化，减少了堰流公式线性化带来的误差。

（2）根据瞬时水流条件来判断堰闸、泵站的运行方式，避免了由于根据时段初水流条件来判断堰闸、泵站的运行方式所带来的矛盾。

（3）节点可以自由编码，河道、断面和节点的编码可以不连续。因此用户可以方便地增加或删除河道或控制建筑物。

（4）控制建筑物的运行方式是用数据文件来控制的，可以考虑各种复杂的运行方式及按某种相关关系来启闭闸门；可以自动改变闸门开度来达到控制某节点的水位或某断面的流量，而不需要修改源程序。

（5）输出采用子程序模块，用户可以根据需要编写输出子程序。

（6）主程序比较复杂，但不需要用户了解和修改它。

（7）提出了河道和节点水量平衡处理的方法，使本模型适用于某些对水量平衡要求非常严格的水质模型。

为了能更好地模拟洪水，在原来 HOHY2 的基础上又增加了以下两个功能：

（1）模拟破圩或半高地淹没。

（2）模拟外河道水位太高而引起河道两旁陆域面上的雨水不能全部排出，部分或全部滞蓄在面上，形成涝水，待河道水位消退到一定程度后，面上积蓄的涝水才能排出。

HOHY2 模型近 20 年来在太湖流域平原水网地区的成功应用，预示着由我国自主开发的大型平原河网水动力学模型已具备国际领先的水平。

1.3.4　基于并行计算的应用简介

对于河道水流和水质预测，为了减小数值计算误差，需要将计算网格划分得很细。同时由于流域河网规模一般都比较大，对于比较大的计算域进行模拟需要布置的网格节点也比较多。如果网格节点过多，计算工作量将成倍甚至成指数级增长，对于计算机的计算速度要求比较高。例如当前黄河下游基于 GIS 的二维水沙数值模型，计算区域从花园口至利津，长约 660km。若含滩区及滞洪区，则计算区域面积达 4000km² 左右。按主槽、滩地平均单元边长 50m 计算，网格量达 200 万个以上，即使采用显格式计算方法，单机计算

下游洪水的演进过程，所需时间也远大于天然洪水的实际传播时间。也就是说，针对大区域平面二维计算，从洪水预报的角度来讲，单机计算是没有意义的。为了解决流动的精细模拟，计算机并行计算技术得到了越来越广泛的应用。并行计算在国外开展得比较早，1983 年，Hughes T J R 等[26]研究了基于有限元的并行算法程序。1993 年，德国的 Lonsdale G 等[27]用多重网格法对复杂流场模拟的三维 Navier - Stokes 方程进行并行计算，算法有较优的可扩展性，在 32 节点的 Intel iPSC/ 860 上，网格规模为 $257×129$ 时的并行效率达到了 74%。1994 年，印度 Jawahala Nehru 先进科学研究中心的 Basu A J[28]在有 3 个 i386 Floslver MK3 上用谱方法对三维 Navier - Stokes 方程组织并行计算，在网格规模为 323 和 643 时的并行效率达到了 87.2%。1995 年，日本的 Iwamiya T 等[29]在分布存储的数值风洞 NWT（Numerical Wind Tunnel）上实现了三维层流 Navier - Stokes 方程的并行计算，虽有比较多的全局通信，并行效率仍然比较高。在国内河流动力学领域，JIANG C B[30]在水流并行模拟的基础上，增加了污染物浓度场的并行计算，其采用伽辽金有限元格式对浅水和对流方程进行空间离散，在时间离散上采用显隐混合格式达到提高计算精度和数值稳定性的目的。王文恰[31]提出基于并行算法的对流扩散方程修正的交替分组四点法。余欣[32]等人于 2005 年对黄河下游二维水沙数值模型进行了基于 MPI 的并行计算研究，以数据的分布存储作为区域划分的依据，实现了计算量的负载平衡，通过在全局网格和局部区域之间建立映射关系，并在临界单元、进出口单元通过规约等特殊处理，减少了通信量并避免了消息的阻塞。2003 年刘耀儒[33]研究了三维有限元并行计算并在水利工程中进行了应用。

1.4 主要研究内容及技术路线

1.4.1 并行非点源模型当前存在的问题

综上所述，当前主流农业非点源一维、二维商业模型尚未基于并行算法，计算速度取决于研究区域的河道数或网格数大小，且与 GIS 的结合大都是基于 ESRI 公司系列开发组件中功能最简单的 ArcView，空间分析能力较弱，且基于 DEM 二次开发的系统不能脱离 ArcView 环境，给应用推广带来一定的困难。非商业模型对并行算法已有一定的研究，但是不支持进程迁移，计算时当有一个客户端非正常退出（如网络中断），将会导致计算无法继续。

1.4.2 主要技术问题

模型计算速度的提高取决于模型本身的计算速度及并行计算的并行化程度，模型的并行化改进需要解决以下技术问题：

（1）模型本身的计算速度快慢主要是如何存储节点水位方程组，因为其包含大量的零元素，如果不进行处理，会极大地减缓计算的速度。在模型求解时为提高计算速度该如何存储节点水位方程组？

（2）最直观的并行计算概念就是将研究区域分为若干片，在每台计算机上计算区域的一部分，最后将所有计算机上的计算结果综合起来就是整个计算区域的计算结果了。那么

这种思路应用在显、隐格式求解水动力模型中是否行得通？如果可行，需要什么先决条件？如果不可行，又要采用何种方式对模型进行改造？

（3）在并行计算的时候，多台计算机是单独计算还是协同计算？如果是协同计算，计算机之间应如何通信，是计算机与计算机独立通信还是设置一个服务器，每台计算机与服务器进行通信，服务器负责将收到的信息转发到对应的计算机上。

（4）服务器应采用何种算法对研究区域进行划分才能保证网络中每台配置与负载等各不相同的计算机所需的计算时间尽量接近？

（5）GIS 如何为模型提供参数，并如何将计算结果通过 GIS 可视化表达出来？GIS 系统该如何设计以保证各模块的通用性，模块与模块如何通信，通信的接口是什么？

1.4.3 主要研究内容

为实现一维、二维环境水动力学数值模型并行化改造，针对以上需要解决的技术问题，分别从基于 ESRI 公司的 ArcEngine 控件为基础 ArcInfo GIS 平台搭建；以用户为中心，自行维护的机群调度系统设计，调度系统采用蚁群算法对任务进行分配，实现动态负载平衡；对基于 FDM 和 FVM 的一维和二维水量水质数值模型进行并行算法改进等四方面展开研究。本书结构如下：

第 1 章 "太湖流域概况"。介绍太湖流域概况及模型发展历程，在综合分析国内外非点源污染模型的基础上，提出模型与 GIS 结合和模型并行化计算的必要性和可行性。同时针对目前研究的不足，提出了主要研究内容和技术路线。

第 2 章 "ArcGIS 平台水环境分析系统设计"。在分析水量水质模型输入输出需求的基础上，进行水环境信息管理系统的架构设计。采用目前国内外功能最为强大的 ArcEngine COM 控件，将水环境领域中的属性数据与空间位置相联系，进而进行空间统计分析，为管理部门规划与决策提供依据。研究开发以用户为中心，自行维护的机群调度系统，实现对客户端机器的动态管理，负载信息的自动收集，并采用蚁群算法对计算任务进行调度，实现机群动态负载平衡。

第 3 章 "感潮河网一维并行水量水质数值模型研制"。应用计算数学、流体力学及环境水力学以及计算机通信的基本理论与方法，结合太湖流域浦东新区改善水环境调控模拟，对平原河网的水量、水质特性进行一维耦合数值模拟，采用 FDM 算法、主从型编程模型，提取算法中的并行性，研发并行一维水量水质模型。

第 4 章 "二维并行水量水质数值模型研制"。应用守恒的二维非恒定流浅水方程组描述水流流动，并用二维对流-扩散方程描述污染物的输运扩散。应用有限体积法及黎曼近似解对耦合方程组进行数值求解，从而模拟水体的水流过程和相应的污染物输运扩散过程。分析串行算法求解流程提取并行成分，采用任务 SPMD 型并行编程模型，将求解区域网格分成若干部分，对每部分进行单独求解。

1.4.4 技术路线

对太湖流域水环境调控需求进行分析，确定水动力水环境数值模型系统的开发架构及研发平台。同时根据业务需求设计功能模块，并定义模块与模块之间交互的接口。最后对系统模块进行集成和调试。系统技术路线见图 1.2。

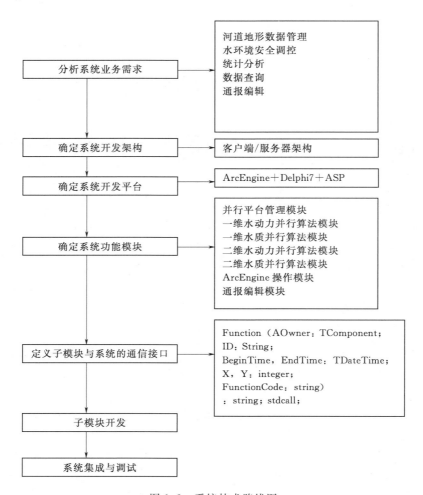

图 1.2 系统技术路线图

第2章

ArcGIS平台水环境分析系统设计

系统结合水量水质模型与 ArcGIS Engine 技术，从基于蚁群调度策略的并行通信平台搭建、模型输入、可视化表达及数值模拟模块设计等方面较系统地研究 ArcGIS 平台下并行水环境分析系统的设计与集成。

2.1 系统总体设计

2.1.1 系统设计目标及原则

在系统总体设计时，遵从系统性、实用性、完备性、标准性、可靠性及可扩充性等原则。

（1）系统性原则就是要使本系统的各个功能模块间能有机地结合成为统一的整体，各种数据参数间可以相互便捷传输。

（2）实用性原则就是要使本系统的数据组织更为灵活，可以满足本专业各层次应用水平的需要，解决用户切实关心的问题。

（3）完备性原则就是使本系统各项功能齐全，基本功能与专业功能均应完整。

（4）标准性原则就是要使本系统设计符合 GIS 基本要求和标准，数据类型、编码及图式符号符合相应的国家标准及行业规范。

（5）可靠性原则就是要使本系统运行既安全又能使数据精度可靠。

（6）可扩充性原则就是要求系统采用模块化结构设计，便于系统进行修改、扩充，使系统能一直处于一种不断的完善过程当中。

2.1.2 需求分析

1. 数值模拟需求

河流是城市自然环境的重要构成因素之一，其水量和水质的变化是自然环境和人类活动长期相互作用的结果。一直以来，城市没有停止过对河流的依赖，但由于社会、经济的繁荣，城市对河流的干预和影响越来越严重。这些年来，太湖流域平原地区，尤其是城市感潮河网地区的水环境保护问题十分突出。

目前，河网水环境的保护方法有 3 个方面：一是减少污染源，控制污染物的排放，从根本上治理水环境；二是开展河道的综合整治，清除河道淤泥，降低底泥释放污染物的浓

度；三是调控水资源，稀释水体，降低污染物的浓度，增加河网自净能力，解决水污染问题。目前许多地区把治污（包括管理）和调水相结合，作为河网水环境标本兼治的重要手段。但水污染严重的地区，要想达到治本的目的，削减污染源，恢复天然的水体，所需的资金投入大，而且时间很长。有资料表明，将严重污染的水体恢复到本底水平，所花的代价是其水资源收效的几倍至十倍，且耗时长达几十年，如投入不足，则需时更长。在长达几十年的治污过程中，在有条件的地方，配以调水工程改善环境，有很好的效果，特别是在开始治理的头几年，调水的作用更好。相比直接治理污染而言，调水具有投入少，收效快的优势，并且能很快达到治标的目的。调水改善水环境，主要是激活水流，增加河流自净能力，稀释污染的水体。尽管调水改善水环境是治标的措施，但可为水环境治本争取时间，创造机遇。因此，通过河网调水，保护目前的水环境，具有十分重要的价值。

为了确定调水水量与河网内水质之间的关系，需要根据河网水体特征及其水文、水质同步监测资料，采用数值计算方法，建立河网水量水质数值模型，为水利管理部门水资源调度决策提供技术支持。

2. 并行计算需求

根据软件工程的观点，应用软件的开发需要需求定义，因为它是企业流程改进的重要步骤。需求分析的结果需要业务专家的检验，因为这是保证开发工作高效和产品质量的重要手段。

对于河道二维水动力及水质模拟问题，有限体积模型网格经常达到几万甚至几百万。但是采用单个 PC 机计算的时间长，且有内存容量的限制，一些大的计算模型需要几天甚至几周时间，这样就给模型的率定带来了巨大的困难，从而使得分析人员不得不减小计算规模，将网格划分更粗，但这样会导致计算结果可靠性降低。采用并行计算就可以很好地解决这个问题，将在一台计算机上需要计算的工作量分摊到多台计算机上同时并行计算，这样就可以大大提高效率。

值得注意的是，近年来基于计算机集群系统的并行算法发展很快。计算机集群由工作站或微机做计算节点，节点间通过网络形成高性能并行计算平台，美国 IBM 公司的 SP 系列和我国的曙光 2000 等均采用这种结构。该系统目前主要采用 Ethernet，FDDI 等局域网络。不久的将来光纤链路在计算机集群系统中的应用，将产生第一代光互连高性能并行计算机系统。

并行计算机作用的体现最终还是在软件上。从目前的发展来看，相对于并行计算机的硬件，其软件水平则显得落后，已经成为并行计算发展的一个瓶颈问题。并行软件主要是高性能并行算法。导致这种处境的原因是多方面的。首先，与串行应用软件相比，目前的并行软件既不成熟又很少；其次，并行软件的开发难度大，其算法比串型软件复杂得多。

任务调度和负载均衡是平行计算的核心问题。在工作站网络（NOW）环境中，由于任务到达的随机性以及各节点处理能力上的差异，会造成某些节点分配的任务过多（重载），而另外一些节点却是空闲的（轻载或空载）。一方面使重载节点上的任务尽可能快地完成是当务之急；另一方面使某些节点空闲是一种浪费。负载均衡设法对已经分配的任务

进行重新调度，并通过任务迁移使各节点负载大致相等，避免这种空闲和忙等待并存的情况，有效提高网格资源的利用率，减少任务的平均响应时间。

3. 与 GIS 结合的系统软件需求

在一个完备的水动力模型中，必须具备进行水、雨、工、灾情的信息管理、查询和分析，提供可视化的图形查询界面，丰富信息的表述方式。在具体的水动力模型中，GIS 在以下几个方面的应用尤为突出。

（1）概化河网生成。河网水流的计算最终归结为节点水位方程的求解。节点水位方程的求解效率决定了河网计算的效率。而概化构建基本河网，对基本河网进行节点编码、河道编码、断面编码，又是节点方程求解所必要的数据准备。

以往人工概化河网，必须为每一个节点、断面和河道进行手工编码，人工录入。处理的数据量大而繁杂且容易出错。因此，耗时太多且灵活性差。

另外在实际的工程运用中，人们往往希望将更多和时间和精力进行工程方案的设置和比选，而不是为基本河网的搭建花费大量的力气。因此，如何快捷便利的生成河网为 GIS 提出了一个新课题。

（2）数据可视化表达。计算机性能的提高为复杂河网的数值模拟提供了广阔的前景，随之而来的是另一矛盾的尖锐化，即用户如何能够分析、理解和掌握计算过程中产生的大量的数值结果并据此进行科学的决策。

由于河网数值模拟需要设定许多参数，输入大量的原始资料以及生成大量的计算结果，将河网数值模拟的全过程开发为用户界面友好、通用性好的模型软件包，无疑可以大大简化数据录入和结果整理等繁杂的工作。

（3）实时干预运行工况。在水动力模型的参数率定过程中或是在整治方案中添加新的工况设施时，实时干预这个问题就变得非常重要。例如：率定计算往往需要验证计算相当长的时间段的洪水过程，计算量大，所需时间长。一般模型运行是在设定工况的条件下进行，运行过程中基本资料不能修改。在率定计算中，是在计算完成后整合计算结果，通过与实测资料的对比，进行修改参数。参数一但修改，再进行计算，如此往复，工作效率不高。参数率定往往需要花费很长的时间。这就提出了如何达到实时干预运行工况的问题。

（4）对漫滩等情况的模拟。对漫滩、溃堤、决口等运行情况进行模拟，在模型运行过程中，可以实时的给出流域概化河网内任一点的水位过程，行洪区内的水深、水流流速、淹没范围等流域内的点、线、面上的信息及其统计特征信息等，这些为决策和实时干预提供了良好的形象和直观的表达。

2.1.3 经纬结构设计方法

经纬式系统结构设计的指导思想将系统设计简化为二维几何设计，系统的业务功能与信息技术支持分成两个不同的设计维。纵向为经，横向为纬，纵向为系统的业务功能体系，横向为系统的信息技术支持层次，纵向体系与横向层次得到交叉点则构成了系统的功能模块或子系统，此称节点模块。模块间的连线是系统的信息流程线。节点模块是系统的基石与支柱，且与现代水利业务分工关联。整个系统则是一系列节点功能模块、按一定的信息经纬结构组建的复合性数字信息系统。因系统结构由纵横两组线构成的网

状结构，纵向功能最终收敛系统决策与管理这个点上，网状结构如同地球的经纬网，故名经纬结构。

采用经纬结构设计方法，避免了相同功能模块的重复设计，使得系统的结构更为合理，且在系统功能需要扩充时，只要将功能模块进行扩充，所有调用此功能模块的系统功能都得到了扩充，采用这种设计方法设计的系统符合软件工程的设计思想。系统中的蚂蚁调动算法、一维及二维水流—水质数值模拟、地形数据管理、通报编辑和并行通信等模块均采用经纬结构的设计方法。

各个节点模块采用动态库开发，动态库放在服务器上，当系统启动时会自动向服务器要求加载动态库，并存入客户端内存中；模块之间通过系统接口来通信。

2.1.4 水环境分析系统三层结构设计

水环境分析系统是基于三层架构的系统，为保证通信的畅通以及负载的平衡而搭建的平台。其负责底层的通信及调度。该通信平台内包括3层结构：第一层为人机界面层；第二层为通信平台层；第三层为业务服务层。详见图2.1。

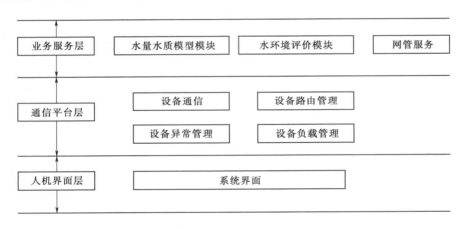

图 2.1 系统结构图

系统采用经纬结构设计方法，其经纬结构见图2.2。横向的水系规划、防洪安全评价及饮水水源地安全评价等是系统的具体应用。纵向的并行通信模块、一二维并行水动力数值模拟模块等是为实现以上应用所需开发的功能。二者的交点即为功能模块。以并行通信模块为例在水系规划、引水冲污等四个应用中都有用到，因此，只要单独开发一个通信模块保证其通用性使之在四个应用中都能使用，这样可以避免每个应用中单独开发通信模块造成的重复工作。

2.1.5 系统流程图

系统流程见图2.3。根据不同的用户权限，每个用户登录系统的系统菜单是不同的，系统特色在于所有的功能模块均提供了可定制功能，如查询界面、主菜单、GIS地图、统计报表等，模型通过GIS提供参数，计算完毕后通过专题图、统计报表等直观地表达出来。

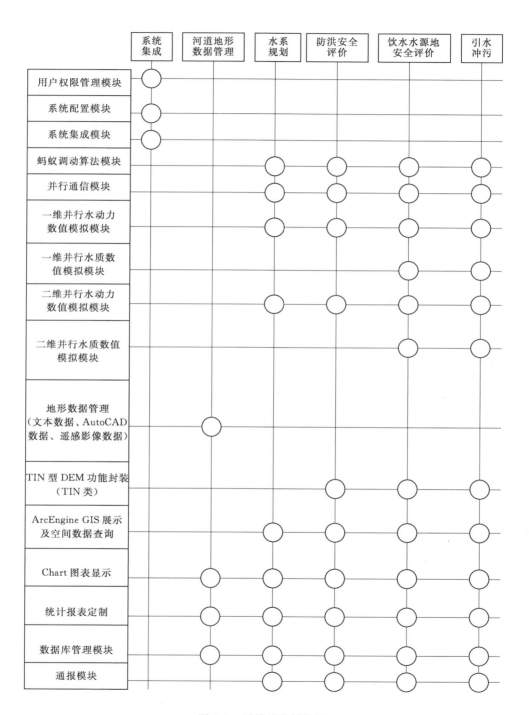

图 2.2　系统经纬结构图

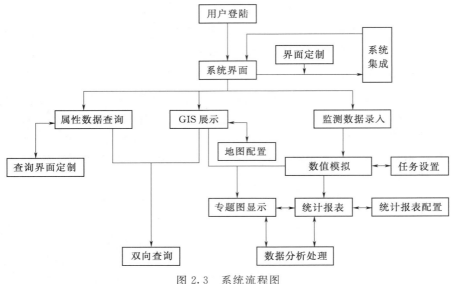

图 2.3 系统流程图

2.2 并行平台搭建

2.2.1 并行编程模型分类

并行应用按任务粒度（Granularity）分解到各处理机运行，目的是为了提高处理机的效率。并行应用按粒度分类可分为指令层、数据层、控制层和任务层。前两层通常是由操作系统控制的，程序员负责后两层的并行。

并行程序常见的编程模型有以下几种。

1. 任务主从型

这类模式中一般有两个实体：主任务和多个从任务。主任务分解出多个任务并负载收集计算结果，从任务分配到一组处理机上并行，处理机间可以进行负载平衡，这种模型可扩展性好，能获得较好的加速比，但主任务可能是瓶颈。详见图 2.4。

2. SPMD（Single Program Multiple Data）型

每个处理机执行相同的程序，但工作在不同的数据流上，一般运行在同构系统上，如果处理机能力不同，需要进行负载平衡工作。详见图 2.5。

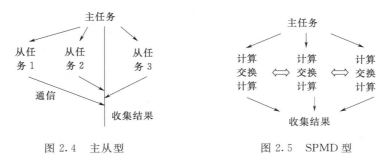

图 2.4 主从型   图 2.5 SPMD 型

3. 数据管道型

处理机被组织成管道模型，只和临近的处理机数据交换，任务的可并行部分分配在管道中各处理机上运行，通信是异步的，常用在数据压缩和图像处理上。

2.2.2 机群作业管理系统体系结构设计

当用户提交一个任务请求（包括任务的任务量、通信量、任务提交时间、时间限度等参数）时，这个任务就进入任务队列排队。仿真环境中设置了一个计时器，每隔一个信息交换周期，任务发送队列就从任务队列池中提取任务。任务发送队列是按照优先级排序的，可以根据不同用户的不同需求（用户等级，任务紧迫度等）对进入缓冲队列的任务进行排序。系统结构见图 2.6。

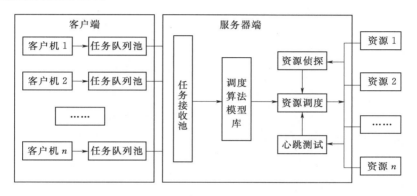

图 2.6　系统结构图

服务器端的任务接收池负责接收系统中所有任务请求并转交给调度算法模型库，调度算法模型库是服务器端的核心部分，通过选择不同的调度算法，对系统实施负载平衡。通过资源发现侦探器，可以从资源池中取得资源的各种信息，以及此时的网络通信速度。心跳测试负责实时测试网络工况，一旦发现某些资源不能连通，迅速将信息发给调度算法模型库并将该资源上分配的任务转交由其他资源进行计算。

当任务缓冲队列不能从任务池得到任务时，表明所有任务都已经完成，将根据运行中得到的数据产生需要的统计结果。

2.2.3 蚂蚁分配调度算法

1. 蚂蚁算法简介

蚂蚁算法是由 Dorigo 提出的解决组合优化问题的一种多智能代理方法。其模拟自然界中蚂蚁觅食路径的搜索过程。蚂蚁在寻找食物时，能在其走过的路径上释放信息素（pheromone），蚂蚁在觅食过程中能够感知信息素的存在和强度，并倾向于朝信息素强度高的方向移动。当大量蚂蚁不断地从蚁巢通往食物时，相同时间内相对较短路径上通过的蚂蚁较多，该路径上累积的信息素强度也较大，后来蚂蚁选择该路径的概率也相对较大，最终整个蚁群会找到最优路径。

蚂蚁算法是通过智能算法来解决组合优化的问题的典型例子。这种启发性智能算法具有以下优点：

（1）通用性。其最初是用来解决旅行商问题（Traveling Salesman Problem，TSP），但现在已扩展到非均匀旅行商问题（Asymmetric Traveling Salesman Problem，ATSP）。

（2）可扩展性。其只需做较少的改变就能适用于作业安排调度、水库优化调度等多项式复杂程度的非确定性问题（Non-deterministic Polynomial）。

（3）并行性。该算法具有较好的并行性。

2. 基本原理

蚂蚁属于群居昆虫，个体行为极其简单，而群体行为却相当复杂。相互协作的一群蚂蚁很容易找到从蚁巢到食物源的最短路径，而单个蚂蚁则不能。此外，蚂蚁还能够适应环境的变化，例如在蚁群的运动路线上突然出现障碍物时，它们能够很快地重新找到最优路径。人们通过大量的研究发现，蚂蚁在寻找食物时，能在其走过的路径上释放信息素进行信息传递。随后的蚂蚁能感知信息素的存在和强度，并倾向于朝信息素强度高的方向移动。信息素随着时间的推移会逐渐挥发掉，于是路径的长短及该路径上通过的蚂蚁的多少就对残余信息素的强度产生影响，反过来信息素的强弱又指导着其他蚂蚁的行动方向。因此，某一路径上走过的蚂蚁越多，则后来者选择该路径的概率就越大。这就构成了蚂蚁群体行为表现出的一种信息正反馈现象。蚂蚁个体之间就是通过这种信息交流达到最快捷搜索到食物源的目的。图2.7能更具体地说明蚁群系统的原理。

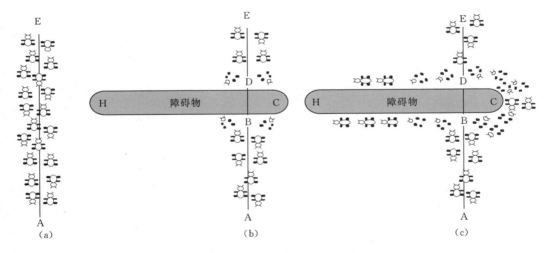

图2.7 蚁群优化系统示意图

图2.7中设A为蚁源，E为食物所在地，H、C为障碍物的两个端点，图2.7（a）为蚁群正在由蚁源到食物的路径上行走。突然在路径中出现一障碍物时，打断了由A到E的路径，这时蚂蚁需要考虑是从C还是从H到达E，见图2.7（b）。当然这种选择是受路径上残留信息素影响的，信息素浓度高的路径对蚂蚁有较强的刺激，因此有较大的概率被选择。假设蚂蚁最初到达B（D）点时选择C和H的概率是相等的，由于BCD比BHD路径长度短，因此选择BCD路径将比选择BHD路径的蚂蚁先到达D点，见图2.7（c）。因此，当蚂蚁由E点返回至D点时，BCD路径上的信息素浓度将比BHD上的高，从而蚁群也将有较大的概率选择BCD路径返回。这样将导致BCD上信息素的浓度进一步提高，

随着时间的推移和上述过程的重复，短路径上的信息量便以更快的速度增长，于是会有越来越多的蚂蚁选择这条短路径，以致最终完全选择这条短路径。

由上述可见，蚁群算法的核心有三条：①选择机制：信息素越多的路径，被选中的概率越大；②信息素更新机制：路径越短，信息素增加越快；③协作机制：个体之间通过信息素进行交流。

3. 机群调度问题的蚂蚁算法

蚁群已成功应用于机群调度问题，下面介绍其基本算法。

（1）机群调度问题的描述。在分布式并行计算中，分配和调度问题是并行程序区别于串行程序的一个主要特征，它研究如何把多个程序或一个程序的可并行部分在依据资源的当时处理能力以及资源的负载变化情况下，随时调整相关数据，使得任务的总体执行时间最小并尽量达到任务负载均衡的分布到各处理机。假定任务由 m 个模块组成，分配在 n 个处理机上执行，$E_{i,k}$ 表示模块 i 在处理机 k 上的执行时间，$C_{i,j}$ 表示模块之间的数据通信量单位数，$W_{k,b}$ 表示处理机 k 和 b 之间单位数据的传输时间，则任务完成时间 Pt 为各模块执行时间和通信时间之和。

（2）蚁群算法的描述。初始时将蚂蚁散布在各资源上，每只蚂蚁独立工作，求得一组任务调度方案。系统初始状态，所有资源需要提供处理机能力和通信能力等参数，可以据此建立资源的初始的信息素。通信能力用传输速度 (C/S_j) 计算，资源 j 的信息素初始化公式见式（2.1）：

$$\tau_j(0) = W_j + C/S_j t = 0 \tag{2.1}$$

式中　　t——调度周期计数器；

$\quad C$——资源传送相关参数的数据量；

$\quad S_j$——传输时间；

$\quad W_j$——资源 j 的单字长定点指令平均执行速度（MIPS，Million Instructions Per Second）。

对每组任务进行调度时，对每种调度任务创建一只新蚂蚁，携带要求的计算和通信量，取总的执行时间最小作为优化目标，每只蚂蚁根据当前各资源的信息素值决定自己解域的下一任务分配给剩余各资源的概率：

$$P_j^k(t) = \begin{cases} \dfrac{[\tau_j(t)]^\alpha [\eta_j]^\beta}{\sum\limits_{u_k} [\tau_u(t)]^\alpha [\eta_u]^\beta} & (j, u \in 剩余资源) \\ 0 & (无剩余资源) \end{cases} \tag{2.2}$$

式中　　$\tau_j(t)$——时间 t 资源 j 的信息素浓度；

$\quad \eta_j$——资源的固有处理能力，即 $\tau_j(0)$；

$\quad \alpha$——信息素的重要性；

$\quad \beta$——资源固有属性的重要性。

每只蚂蚁将任务分配给某个资源时，相应资源的信息素都会随之改变（资源选择概率也随之改变），即

$$\tau_j^{new} = \rho \tau_j^{old} + \Delta \tau_j \tag{2.3}$$

$$\Delta \tau_j = KT \tag{2.4}$$

式中　ρ——信息素的持久性，取 0.8，$1-\rho$ 表示信息素的挥发性；

　　　K——奖惩因子，若任务从资源 j 成功返回时，K 取正值，反之为负；

　　　T——该任务的计算及通信量。

对每只蚂蚁的分配结果计算目标函数，选当前最佳解，将信息素恢复至本组任务调度前的值，然后重复以上过程，到达终止步时，选得最优解作为本组任务的分配方案。

2.2.4　并行算法性能量度

并行计算的性能评测与并行计算机体系结构、并行算法和并行程序设计一道构成"并行计算"研究的四大分支。研究并行算法度量的目的是为并行算法的设计和分析提供一个统一的衡量标准，指导并行算法达到最佳标准。

1. 运行时间

所谓并行算法的运行时间，是指算法在并行机上求解一个问题所需的时间，即算法从开始执行到算法执行完毕的这一段时间。它主要包括算法所需输入输出时间、CPU 计算时间和并行开销和通信时间。执行时间是问题规模大小、处理器数、任务数以及其他因素的函数。同时，它是计算所花时间、通信时间和闲置时间之和，即

$$T = T_{\text{compute}} + T_{\text{communication}} + T_{\text{idle}} \tag{2.5}$$

从式（2.5）可以看出，为了减少计算时间，首先要减少通信时间和闲置时间。具体来说，对于 COW 并行系统，尽量减少处理器之间的通信，同时保证各处理器计算量相同，以免部分处理器计算完成了，而另一部分还有大量的计算未完成，这就需要负载平衡。同时，在算法上还可以尽量让计算和通信同步进行。

2. 算法的并行度

算法的并行度是指该算法中能用一个计算步完成的运算或操作的个数。它是仅与算法相关的概念，与具体并行机规模无关。与并行度有关的概念是粒度，大的粒度意味着能独立并行执行的是大任务，而小的粒度意味着能独立执行的是小任务。

3. 并行的加速比

加速比是一个评价在并行系统上求解一个问题能获得多大利益的指标。设 T_s 用串行计算机求解某个计算问题所需的时间，T_P 用 P 个处理器求解该问题所需时间。则并行加速比可以简单定义为

$$S_P = \frac{T_s}{T_P} \tag{2.6}$$

从式（2.6）可以看出，加速比是指对一个问题，并行算法的执行速度相对于串行算法的执行速度快了多少倍。对于加速比有 Amdahl 定律。

Amdahl 定律：P 是并行系统中处理器的个数；W 是问题总计算量；W_s 是其中串行部分计算量；W_P 是可并行化部分计算量；W_o 是额外开销；$f = W_s/W$ 是串行分量比例。其中的额外开销包括启动一个进程需要的时间、传递公共数据时间、保证同步所要的时间以及其他一些额外计算等。

Amdahl 定律：

$$S_P = \frac{W_s + W_P}{W_s + \dfrac{W_P}{P} + W_o} = \frac{W}{fW + \dfrac{W(1-f)}{P} + W_o} = \frac{P}{1 + f(P-1) + W_o P/W} \qquad (2.7)$$

当 $P \to \infty$ 时，式 (2.7) 变为

$$S_P = \frac{1}{f + W_o/W}$$

从这个定律可以知道，随着处理器数目的无限增大，并行系统具有一个加速比上限，同时串行分量和并行额外开销越大，加速比越小。通常 $S_P < P$。

4. 并行效率

并行效率用来度量并行系统中处理器能力发挥程度。并行算法的效率定义为加速比与处理器个数的比率，即

$$E_P = \frac{S_P}{P} \qquad (2.8)$$

显然，$0 \leqslant E_P \leqslant 1$ 对 P 个处理器来说，最理想的情况是加速比为 P，并行效率为 100%。

2.3 一维水量水质数值系统功能

水环境综合整治的关键在于控制和治理各类污染源，但是在目前各类污染源还没有得到有效控制的情况下，在感潮河网地区，调水是最适用的方法。主要是通过调水增加河道内清水量来稀释河道内的污水，增加水环境容量、促进水体良性循环。水量水质计算模块通过建立河网水量水质模型，对调水方案进行数值模拟。这样可以为优化水资源调度提供技术支撑。下文以太湖流域浦东新区调水试验效果模拟为例进行功能展示。

2.3.1 水量水质计算模块开发技术路线

水量水质计算模块开发技术路线见图 2.8。

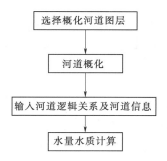

图 2.8 水量水质计算模块开发技术路线图

2.3.2 基于 GIS 的河道概化

首先将河道概化与 GIS 相结合，直接在地图上进行河道概化，并提供了数据输入界面将河道的逻辑关系和大断面资料入库。通过河道 ID 将地图数据与数据库关联在一起，从而将模型与 GIS 紧密结合在一起。河道概化好后，如需增加内河道，只需重复以上步骤，详见图 2.9 和图 2.10。

2.3.3 水量水质计算

河道概化完后，可以通过水量水质模型计算界面进行率定。如图 2.11～图 2.13 所示，选择率定的起止时间，率定断面号，率定即可。经测试浦东地区 61 个节点（其中 7 个边界节点）、68 条（段）河道、136 个断面采用矩阵标识法的计算速度大大超过不减少零元素存储的计算速度。有关水量水质计算模型详情见第 3 章。

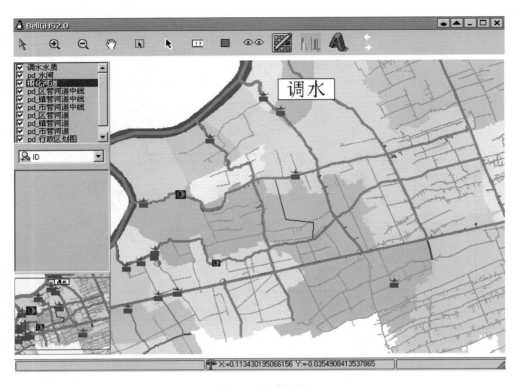

图 2.9　河道概化

图 2.10　输入河道信息

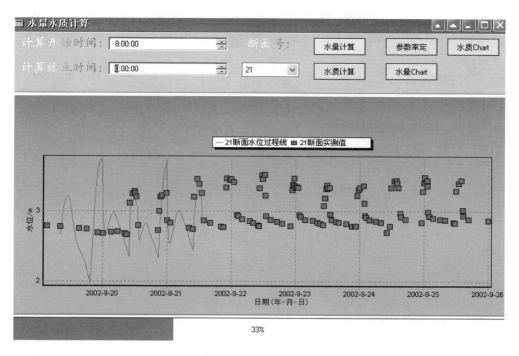

图 2.11　河网水量计算

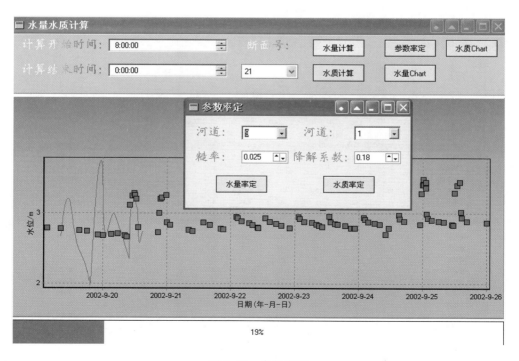

图 2.12　参数率定

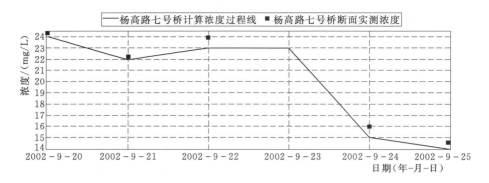

图 2.13　河网水质计算

2.4　二维水量水质数值系统功能

2.4.1　测点图层生成

由测点坐标生成 ArcGIS 图层。

1. 技术路线

测点图层生成技术路线见图 2.14。

2. 模块界面

模块界面见图 2.15。

2.4.2　Tin 三角网生成模块

TIN（Triangulated Irregular Network）为不规则三角网的缩写，本模块功能为由测点坐标生成图层。

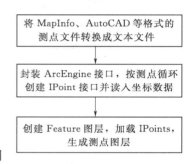

图 2.14　测点图层生成技术路线图

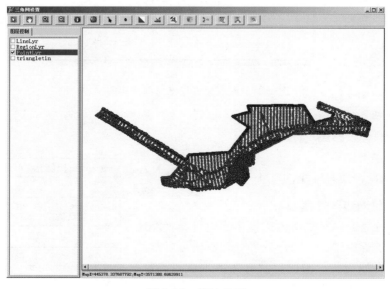

图 2.15　模块界面

1. 技术路线

三角网图层生成技术路线见图 2.16。

```
┌─────────────────────────────────┐
│ 读入测点图层上测点的坐标信息    │
└─────────────────────────────────┘
                ↓
┌─────────────────────────────────┐
│ 封装 ArcEngine 接口，构建 Delaunay │
│ 三角网                           │
└─────────────────────────────────┘
                ↓
┌─────────────────────────────────┐
│ 创建 Tin 图层，加载 Tin          │
└─────────────────────────────────┘
```

图 2.16　三角网图层生成
技术路线图

2. 模块界面

长江镇江段三角网结构见图 2.17。

2.4.3　Tin 三角网单元处理模块

由于 ArcEngine 生成的 Tin 是一个整体，不能对三角网中某一个或一些三角形单独操作，无法对计算区域进行内边界如堤、堰、闸、排污口等的设置，也无法准确地看到每个三角形的模拟结果。因此，本模块针对二维水量水质模型的边界、初始条件输入及成果展示需求，将 Tin 图层的三角形拷贝到 Feature 图层中，在输入及输出时，通过系统开发的功能直接对 Feature 图层上每个三角形进行操作，使得模拟能够获得足够的信息，输出结果及查询也更为直观。

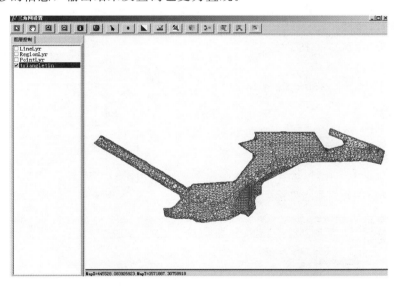

图 2.17　长江镇江段三角网结构图

1. 技术路线

三角网复制技术路线见图 2.18。

2. 模块界面

Feature 图层模块界面见图 2.19。

2.4.4　Tin 三角网边界处理模块

模型模拟计算时除了要对内边界单元进行设置外还需要对外边界进行设置。三角网边界处理模块可以给外边界赋予闭边界如堤防、闸门等及开边界水位、流量、旁侧入流、流速、泵站等属性。

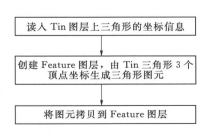

```
┌─────────────────────────────────┐
│ 读入 Tin 图层上三角形的坐标信息  │
└─────────────────────────────────┘
                ↓
┌─────────────────────────────────┐
│ 创建 Feature 图层，由 Tin 三角形 3 个 │
│ 顶点坐标生成三角形图元          │
└─────────────────────────────────┘
                ↓
┌─────────────────────────────────┐
│ 将图元拷贝到 Feature 图层        │
└─────────────────────────────────┘
```

图 2.18　三角网复制技术路线

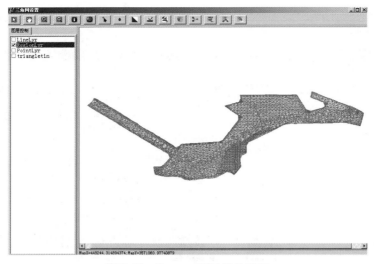

图 2.19　Feature 图层模块界面

1. 技术路线

边界处理技术路线见图 2.20。

2. 模块界面

边界处理界面见图 2.21。

2.4.5　并行模拟模块

采用有限体积法的二维水量水质数值模拟模块根据上下游边界条件及剖分的网格地形资料，对网格进行水量水质数值模拟。

1. 技术路线

数值模拟技术路线见图 2.22。

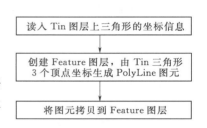

图 2.20　边界处理技术路线

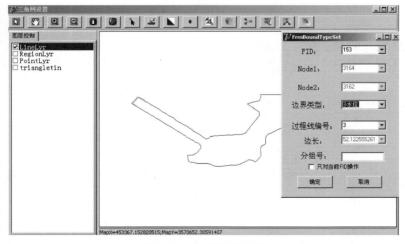

图 2.21　边界处理界面

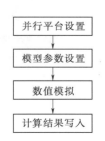

图 2.22　数值模拟技术路线

2. 模块界面

模型参数设置界面见图 2.23。

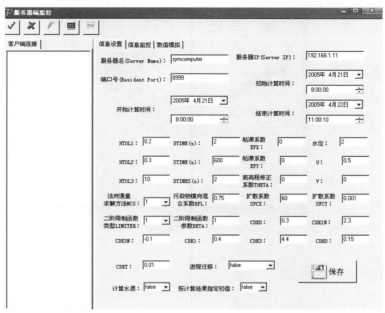

图 2.23 模型参数设置界面

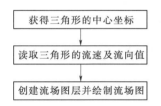

图 2.24 流场演示技术路线图

2.4.6 流场演示模块

流场演示模块根据模型计算的结果，在三角网上自动绘出流场图。

1. 技术路线

流场演示技术路线见图 2.24。

2. 模块界面

流场模拟设置界面见图 2.25，流速 DEM 图见图 2.26。

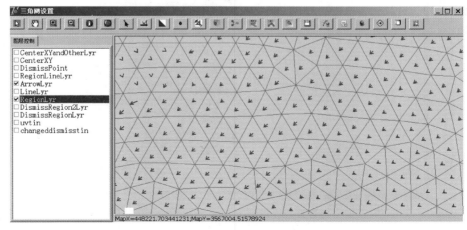

图 2.25 流场模拟设置界面

图 2.26 流速 DEM 图

第3章

感潮河网一维并行水量水质
数值模型研制

介绍应用计算数学、流体力学及环境水力学，计算机通信的基本理论与方法，结合"太湖流域上海浦东新区调水改善水环境"项目，对平原河网的水量、水质特性进行一维耦合数值模拟。

3.1 感潮河网水动力模型的建立

河网非稳态水量模型是定量描述河网水域中水流运动的规律的数学模型。应用河网非稳态水量模型，可对河网地区的防洪、排涝、灌溉、航运及水污染防治等水资源开发利用、水灾害防治和水环境保护工作进行定量的研究。因此进行平原河网地区水量模型研究具有十分重要的意义。

3.1.1 基本方程组

Saint – Venant 方程组中若以水位和流量为研究变量，其表达式为

$$\left. \begin{aligned} \frac{\partial Q}{\partial x} + B_w \frac{\partial Z}{\partial t} &= q_L \\ \frac{\partial Q}{\partial t} + 2u\frac{\partial Q}{\partial x} + (gA - u^2 B)\frac{\partial Z}{\partial x} - u^2 \frac{\partial A}{\partial x}\Big|_z + gA\frac{n^2 |u| Q}{R^{4/3}} &= 0 \end{aligned} \right\} \tag{3.1}$$

式中　t——时间坐标；

　　　x——空间坐标；

　　　Q——流量；

　　　Z——水位；

　　　u——断面平均流速；

　　　n——糙率；

　　　A——过流断面面积；

　　　B——主流断面宽度；

　　　B_w——水面宽度（包括主流断面宽度 B 及仅起调蓄作用的附加宽度）；

　　　R——水力半径；

　　　q_L——旁侧入流流量。

式（3.1）中第一式为连续方程，第二式为动力方程。其中在连续方程中考虑了沿程旁侧入流及主河槽两侧的滩地、水塘等的槽蓄作用。

1. 河道控制方程的离散

若将 Saint - Venant 方程组中的偏导项系数中的未知量用时段初值表示，并将方程组式（3.1）中动力方程的阻力项线性化，则得到相应的线性偏微分方程组。采用四点线性隐式差分格式离散方程组。差分格式见图 3.1。

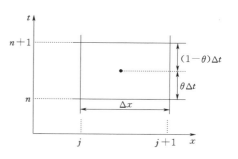

图 3.1 差分格式示意图

对任一变量 ξ，有

$$\left.\begin{array}{l}
\xi = (\xi_i^j + \xi_{i+1}^j)/2 \\[2mm]
\dfrac{\partial \xi}{\partial x} = \dfrac{\theta(\xi_{i+1}^{j+1} - \xi_i^{j+1}) + (1-\theta)(\xi_{i+1}^j - \xi_i^j)}{\Delta x_i} \\[2mm]
\dfrac{\partial \xi}{\partial t} = \dfrac{\xi_i^{j+1} + \xi_{i+1}^{j+1} - \xi_i^j - \xi_{i+1}^j}{2\Delta t}
\end{array}\right\} \tag{3.2}$$

式中 Δx_i——第 i 单元河段长；

Δt——时段长；

j——时段序号；

θ——权重系数（$0 \leqslant \theta \leqslant 1.0$）。

为了差分方程保持无条件稳定，必须 $\theta \geqslant 0.5$。式（3.2）中的上标表示时间坐标，下标表示空间坐标。

将式（3.2）代入式（3.1）中，得连续方程的差分方程：

$$-Q_{i-1}^{j+1} + Q_i^{j+1} + C_i Z_{i-1}^{j+1} + C_i Z_i^{j+1} = D_i \tag{3.3}$$

其中

$$C_i = \frac{\Delta x_i}{2\theta \Delta t} B_{w\,i+1/2}^j \tag{3.4}$$

$$D_i = \frac{\Delta x_i}{\theta} q_i + \frac{1-\theta}{\theta}(Q_i^j - Q_{i+1}^j) + C_i(Z_i^j + Z_{i+1}^j) \tag{3.5}$$

同样，将式（3.2）代入式（3.1）中得动量方程的差分方程：

$$E_i Q_{i-1}^{j+1} + G_i Q_i^{j+1} - F_i Z_{i-1}^{j+1} + F_i Z_i^{j+1} = \varphi_i \tag{3.6}$$

其中

$$E_i = \frac{\Delta x_i}{2\theta \Delta t} - 2u_{i+1/2}^j + \frac{g}{2\theta}\left(\frac{n^2|u|}{R^{4/3}}\right)_i^j \Delta x_i \tag{3.7}$$

$$F_i = (gA - Bu^2)_{i+1/2}^j \tag{3.8}$$

$$G_i = \frac{\Delta x_i}{2\theta \Delta t} + 2u_{i+1/2}^j + \frac{g}{2\theta}\left(\frac{n^2|u|}{R^{4/3}}\right)_{i+1}^j \Delta x_i \tag{3.9}$$

$$\begin{aligned}
\varphi_i = &\frac{\Delta x_i}{2\theta \Delta t}(Q_{i-1}^j + Q_i^j) + \frac{2(1-\theta)}{\theta}u_{i-1/2}^j(Q_{i-1}^j - Q_i^j) \\
&+ \frac{1-\theta}{\theta}(gA - Bu^2)_{i-1/2}^j(Z_{i=1}^j - Z_i^j) + \frac{\Delta x_i}{\theta}\left(u^2\frac{\partial A}{\partial Z}\Big|_2\right)_{i-1/2}^j
\end{aligned} \tag{3.10}$$

对一条具有 $L_2 - L_1$ 个断面的河道（见图 3.2），有 $2(L_2 - L_1)$ 个未知变量，可以列出 $2(L_2 - L_1)$ 个方程，加上河道两端的边界条件，形成封闭的代数方程组。由此可唯一

求解未知量 Q_j，Z_j（$j=L_1$，L_1+1，…，L_2）。

图 3.2　计算断面示意图

2. 节点连接方程

水流运动在河段各节点上应满足质量守恒和能量守恒，即满足以下两个连接条件。

（1）质量守恒条件。质量守恒条件也称流量连接条件，根据质量守恒原理，进出某一节点的流量与该节点内水量蓄量的增减相平衡。

节点可分为调蓄节点和无调蓄节点。若节点汇合区容积与子河段容积相比可忽略不计，称无调蓄节点，否则为调蓄节点。

对调蓄节点，定量表示为

$$\sum Q_i = A(Z_i^{n+1} - Z_i^n)/\Delta t \tag{3.11}$$

式中　i——汇集于同一节点的各河道的编号；

　A——节点水域面积；

　Q_i——第 i 条河道流入节点的流量（流入为正，流出为负）。

对无调蓄节点，式（3.12）可简化为

$$\sum Q_i = 0 \tag{3.12}$$

（2）能量守恒条件。能量守恒条件也称为动力连接条件，不计节点汇合处的能量损失，节点水位与汇集于节点的各河道相邻断面的水位之间满足能量守恒定律——Bernoulli 方程。由于与节点相邻的各断面水位变化不大，不存在水位突变，因而可近似表示为

$$Z_i = Z_j = \overline{Z} \quad (i,j=1,2,\cdots,m) \tag{3.13}$$

显然，对于一个有 m 个相邻河道的节点而言，式（3.12）隐含了（$m-1$）个独立的方程，再加一个质量守恒条件，得到 m 个相互独立的节点连接方程。

3. 定解条件

非恒定问题的求解必须给出初始条件和边界条件。

（1）初始条件：

$$Z(x,0) = Z_0 \tag{3.14}$$

$$Q(x,0) = Q_0 \tag{3.15}$$

（2）边界条件。对于河道的边界条件，有 3 种类型：

1）水位边界条件，即在边界河道上给定水位随时间的变化过程线：

$$Z = Z(t) \tag{3.16}$$

2）流量边界条件，即在边界河道上给定流量随时间的变化过程线：

$$Q = Q(t) \tag{3.17}$$

3）水位流量边界条件，即在边界河道上有水工构筑物（闸门、堰、堤坝等）时，通常给定水位流量关系过程线：

$$Q = Q(Z) \tag{3.18}$$

4. 方程的求解

利用消元法将式（3.3）和式（3.7）消元，将其表示为以下的形式：

$$Q_i = \alpha_i + \beta_i Z_i + \gamma_i Z_{n+1} \tag{3.19}$$

$$Q_{i+1} = \xi_{i+1} + \zeta_{i+1} Z_{i+1} + \eta_{i+1} Z_1 \tag{3.20}$$

在式（3.19）中：

$$\left.\begin{aligned}
&\alpha_i = \frac{Y_1(\varphi_i - G_i \alpha_{i+1}) - Y_2(D_i - \alpha_{i+1})}{Y_1 E_i + Y_2} \\[2mm]
&\beta_i = \frac{Y_2 C_i + Y_1 F_i}{Y_1 E_i + Y_2} \\[2mm]
&\gamma_i = \frac{\gamma_{i+1}(Y_2 - Y_1 G_i)}{Y_1 E_i + Y_2} \quad (i = n-1, n-2, \cdots, 1) \\[2mm]
&Y_1 = C_i + \beta_{i+1} \\[2mm]
&Y_2 = G_i \beta_{i+1} + F_i
\end{aligned}\right\} \tag{3.21}$$

对于 $i = n$ 的情况，有

$$\left.\begin{aligned}
&\alpha_n = \frac{\varphi_n - G_n D_n}{E_n + G_n} \\[2mm]
&\beta_n = \frac{C_n G_n + F_n}{E_n + G_n} \\[2mm]
&\gamma_n = \frac{C_n G_n - F_n}{E_n + G_n}
\end{aligned}\right\} \tag{3.22}$$

在式（3.20）中：

$$\left.\begin{aligned}
&\xi_1 = \frac{E_1 D_1 + \varphi_1}{E_1 + G_1} \\[2mm]
&\zeta_1 = -\frac{C_1 E_1 + F_1}{E_1 + G_1} \\[2mm]
&\eta_1 = -\frac{C_1 E_1 - F_1}{E_1 + G_1} \quad (i = 2, 3, \cdots, n) \\[2mm]
&Y_1 = \zeta_i - C \\[2mm]
&Y_2 = E_i \zeta_{i-1} - F
\end{aligned}\right\} \tag{3.23}$$

对于 $i = 1$ 的情况，有

$$\left.\begin{aligned}
&\xi_{i+1} = \frac{Y_2(D_i + \xi_i) + Y_1(\varphi_i - E_i \xi_i)}{Y_2 + G_i Y_1} \\[2mm]
&\zeta_{i+1} = \frac{-Y_2 C_i - Y_1 F_i}{Y_2 + G_i Y_1} \\[2mm]
&\eta_{i+1} = \frac{\eta_i(Y_2 - Y_1 E_i)}{Y_2 + G_i Y_1}
\end{aligned}\right\} \tag{3.24}$$

其中，式（3.19）将各断面流量表示为该断面水位及末断面水位的函数，式（3.20）将各断面流量表示为该断面水位及首断面水位的函数。

将式（3.24）代入节点连接方程式（3.11），可整理得出一个关于节点水位的方程组：

$$f_i(Z_i, Z_{i1}, Z_{i2}, \cdots, Z_{ij}) = 0 \quad (i = 1, 2, \cdots, m; j = 1, 2, \cdots, n) \tag{3.25}$$

式中　m——节点总数；

n——与第 i 个节点相连的河道数。

无论对何种类型的边界条件，经适当变换后可增加一个水位方程，封闭节点水位方程组式（3.25），可解得各节点水位，再返回单一河道方程，利用追赶法可推求出任一断面的水位和流量。

3.1.2 矩阵标识法

矩阵标识法[34]求解的基本思想是：根据节点水位方程系数矩阵的高稀疏性，对矩阵非零元素进行代码标识。按照代码指示，把非零元素用一维数组存储，排除零元素，节约内存。求解时，由代码指示，只对非零元素进行计算，从而大大提高方程组求解计算的效率。

根据研究发现：矩阵 $\boldsymbol{A}$ 具有大型、高稀疏性和主对角占优等特点[35]。根据矩阵 $\boldsymbol{A}$ 所具有的特性，可采用迭代法求解——超松弛迭代法（SOR）[36]。

把矩阵 $\boldsymbol{A}$ 分解为

$$\boldsymbol{A} = -\boldsymbol{C}_{\mathrm{V}} + \boldsymbol{D} - \boldsymbol{C}_{\mathrm{L}} \tag{3.26}$$

其中

$$\boldsymbol{C}_{\mathrm{V}} = \begin{bmatrix} 0 & -a_{12} & \cdots & -a_{1n} \\ \cdots & \cdots & \cdots & \cdots \\ 0 & \cdots & \cdots & -a_{n-1n} \\ 0 & \cdots & \cdots & 0 \end{bmatrix}$$

$$\boldsymbol{D} = \begin{bmatrix} a_{11} & \cdots & \cdots & \cdots & 0 \\ 0 & a_{22} & \cdots & \cdots & 0 \\ \cdots & \cdots & \cdots & \cdots & \cdots \\ 0 & \cdots & \cdots & a_{n-1n-1} & 0 \\ 0 & \cdots & \cdots & \cdots & a_{nn} \end{bmatrix}$$

$$\boldsymbol{C}_{\mathrm{L}} = \begin{bmatrix} 0 & \cdots & \cdots & 0 \\ -a_{21} & \cdots & \cdots & \cdots \\ \cdots & \cdots & \cdots & \cdots \\ -a_{n1} & \cdots & -a_{nn-1} & 0 \end{bmatrix}$$

则 $AZ = R$ 的 SOR 法可写为

$$Z^{(k+1)} = L_w Z^{(k)} + Q_w^{-1} R$$
$$L_w = (I - \omega \boldsymbol{D}^{-1} \boldsymbol{C}_{\mathrm{L}})^{-1} [\omega \boldsymbol{D}^{-1} \boldsymbol{C}_{\mathrm{V}} + (1-\omega) I] \tag{3.27}$$
$$Q_w = \omega \boldsymbol{D}^{-1} - \boldsymbol{C}_{\mathrm{L}}$$

式中 ω——实数，称为松弛因子。

若记 $L = \boldsymbol{D}^{-1} \boldsymbol{C}_{\mathrm{L}}$，$U = \boldsymbol{D}^{-1} \boldsymbol{C}_{\mathrm{V}}$，则有

$$L_w = (I - \omega L)^{-1} [\omega U + (1-\omega) I] \tag{3.28}$$

其迭代计算公式为

$$Z_i^{(k+1)} = Z_i^{(k)} - \frac{\omega}{a_{ii}} \left[\sum_{j=1}^{i-1} a_{ij} Z_j^{(k+1)} + \sum_{j=1}^{n} a_{ij} Z_j^{(k)} - r_i \right] \tag{3.29}$$

从式（3.29）可见，如果能避免所有零元素参与运算，则可提高求解运算的效率。对

非零元素随机分布的稀疏矩阵 A，按行将 A 的非零元素依次排列成一个元素序列 $\{b\}=$ $\{b_1,b_2,\cdots,b_t\}$，并将其存放于一维系数数组 $B[1:t]$ 中；对应的非零元素列标排成序列 $\{Dr\}=\{Dr_1,Dr_2,\cdots,Dr_t\}$，存放于标识代码数组 $Dr[1:t]$ 中；同时把每一行的第一个非零元素在 B 中的序号排成系列 $\{Ri\}=\{Ri_1,Ri_2,\cdots,Ri_n\}$，存放于行代码指示数组 $Ri=$ $[1:n]$ 中，其中 t 为矩阵 A 的非零元素的总个数，n 为矩阵 A 的阶。

利用矩阵标识代码数组 Dr，行代码指示数组 R_i 和系数数组 B，可将式（3.29）写成

$$Z_e = r_i - \sum_{j=Ri(i),Dr(j)\neq i}^{Ri(i+1)-1} b_j \tilde{Z}_{Dr(j)}$$

$$Z_i^{(k+1)} = \omega Z_e + (1-\omega) Z_i^{(k)}$$

$$\tilde{Z}_{Dr(j)} = \begin{cases} Z_{Dr(j)}^{(k)} & (Dr(j) > i) \\ Z_{Dr(j)}^{(k+1)} & (Dr(j) < i) \end{cases} \tag{3.30}$$

采用超松弛迭代法时，对非零元素进行了标识，在迭代计算中可以避免零元素参与计算，从而大大提高了求解节点水位方程组的效率，减少了计算工作量。求解过程与河网节点的编码无关，只取决于河网的结构。因此，采用这种方法求解河网时，河道、节点的编码可以任意，从而大大减少了工作量。

采用矩阵标识法的水量计算模块具有如下的特点：

（1）只存储非零元素，节约计算机的内存资源。

（2）求解只对非零元素进行运算，提高了计算效率。

（3）求解的工作量只取决于河网的结构，与河网节点的编码无关。

3.1.3　内边界处理

1. 闸门

流域洪水运动模拟由零维无调蓄湖泊、一维河道等模拟所组成，各部分必须通过"联系"耦合求解。"联系"就是各种模拟区域的连接关系，主要是指流域中控制水流运动的堰、闸及行洪区口门等，联系的过流流量可以用水力学的方法来模拟。现以宽顶堰为例说明如下。

宽顶堰上的水流可分为关闸、自由出流、淹没出流两种流态，不同流态采用不同的计算公式。

对于关闸情况（$Q_{上}=Q_{下}=0$），可将闸上、闸下均作为单一河道处理。

（1）当出流为自由出流时：

$$Q = mbh \sqrt{2gh_0} \tag{3.31}$$

其中

$$h_0 = Z_{上} - Z_{下}$$

式中　　$Z_{上}$——上游水深；

　　　　$Z_{下}$——下游水深；

　　　　b——闸孔净宽；

　　　　h——计算过流水深，孔流 $h=a$，堰流 $h=h_0$；

　　　　m——综合流量系数，一般取 $m=0.325\sim0.385$。

可见，闸（堰）上游流量 $Q_{上}=f(Z_{上})$，$Q_{上}=Q_{下}$，可视同关闸情况计算。所不同的

是，关闸以 $Q_下=0$ 作为上游河道的下边界，而自由出流以 $Q_下=f(Z_上)$ 作为下边界条件。

（2）当出流为淹没出流时：

$$Q=\varphi bh\sqrt{2g(Z_i-Z_{i+1})} \tag{3.32}$$

式中　φ——淹没出流系数，一般取 $\varphi=1.0\sim1.18$ 之间；

Z_{i+1}——闸（堰）下游水位。

可见，$Q_上=f(Z_上,Z_下)$，$Q_上=Q_下$，可与上游流量或水位边界条件联解。

2. 集中旁侧入流

对于集中旁侧入流，可设一虚拟河段 $\Delta x_j=0$，列如下方程：

$$Z_i=Z_{i+1} \tag{3.33}$$

$$Q_i+Q_f=Q_{i+1} \tag{3.34}$$

由式（3.33）、式（3.34）替代式（3.3）、式（3.6），

当上边界为水位边界条件时：

$$Z_i=P_i-V_iQ_i$$

$$Z_{i+1}=P_i+V_iQ_f-V_iQ_{i+1}$$

故

$$Q_i=Q_{i+1}-Q_f$$

$$\left.\begin{array}{l} S_{i+1}=-Q_f \\ T_{i+1}=-1 \\ P_{i+1}=P_i+V_iQ_f \\ V_{i+1}=V_i \end{array}\right\} \tag{3.35}$$

当上边界为流量时：

$$Q_i=P_i-V_iZ_i$$

$$Q_{i+1}=Q_i+Q_f=P_i-V_iZ_i+Q_f=P_i-V_iZ_{i+1}+Q_f$$

$$\left.\begin{array}{l} S_{i+1}=0 \\ T_{i+1}=-1 \\ P_{i+1}=P_i+Q_f \\ V_{i+1}=V_i \end{array}\right\} \tag{3.36}$$

3. 河道弯曲（断面突变）

当河道弯曲或过水断面突然放大的情况下，其相容条件是：

$$\left.\begin{array}{l} Q_i=Q_{i+1} \\ Z_i+u_i^2/2g=Z_{i+1}+u_{i+1}^2/2g+\xi(u_i-u_{i+1})^2/2g \end{array}\right\} \tag{3.37}$$

式中　ξ——局部阻力系数。

令

$$\Delta h=u_{i+1}^2/2g-u_i^2/2g+\xi(u_i-u_{i+1})^2/2g$$

则

$$\left.\begin{array}{l} Q_i=Q_{i+1} \\ Z_{i+1}=Z_i-\Delta h \end{array}\right\}$$

（1）当上边界为水位边界时：

$$Z_i=P_i-V_iQ_i$$

$$Z_{i+1}=P_i-V_iQ_{i+1}-\Delta h$$

$$S_{i+1}=0$$
$$T_{i+1}=-1$$
$$P_{i+1}=P_i-\Delta h$$
$$V_{i+1}=V_i$$
(3.38)

（2）当上边界为流量边界时：
$$Q_i=P_i-V_iZ_i$$
$$Q_{i+1}=Q_i+Q_f=P_i-V_iZ_i=P_i-V_i(Z_{i+1}+\Delta h)$$
$$Z_i=Z_{i+1}+\Delta h$$
$$S_{i+1}=\Delta h$$
$$T_{i+1}=-1$$
$$P_{i+1}=P_i-V_i\Delta h$$
$$V_{i+1}=V_i$$
(3.39)

4. 湖泊

对于湖泊，可设一虚拟河段 $\Delta x_j=0$，列如下方程：
$$Z_i=Z_{i+1}=Z_s$$
$$Q_{i+1}=Q_i-Q_s$$

其中，Q_s 是河道流向湖泊的流量，则湖泊的联系方程为
$$A_s dZ_s/dt=Q_s$$
$$A_s(Z_s-Z_s^0)/\Delta t=Q_s$$

故
$$Z_i=Z_{i+1}$$
$$Q_{i+1}=Q_i-A_s(Z_{i+1}-Z_{i+1}^0)/\Delta t$$
(3.40)

（1）当上游是水位边界时：
$$Z_i=P_i-V_iQ_i$$

由式（3.40）得
$$Q_i=[(A_s/\Delta t)(P_i-Z_i^0)+Q_{i+1}]/(1+A_sV_i/\Delta t)$$
$$Z_{i+1}=(P_i+V_iA_sZ_i^0/\Delta t-V_iQ_{i+1})/(1+A_sV_i/\Delta t)$$
$$S_{i+1}=(A_s/\Delta t)(P_i-Z_i^0)/(1+A_sV_i/\Delta t)$$
$$T_{i+1}=-1/(1+A_sV_i/\Delta t)$$
$$P_{i+1}=(V_iA_sZ_i^0/\Delta t+P_i)/(1+A_sV_i/\Delta t)$$
$$V_{i+1}=V_i/(1+A_sV_i/\Delta t)$$
(3.41)

（2）当上游为流量边界时：
$$Q_i=P_i-V_iZ_i$$

由式（3.40）可求得
$$Z_i=Z_{i+1}$$
$$Q_{i+1}=P_i+A_sZ_{i+1}^0-(V_i+A_s/\Delta t)Z_{i+1}$$
$$S_{i+1}=0$$
$$T_{i+1}=-1$$
$$P_{i+1}=P_i+A_sZ_{i+1}^0/\Delta t$$
$$V_{i+1}=V_i+A_s/\Delta t$$
(3.42)

3.2 河网水质模型的建立

水质模型是描述水体中污染物随时间及空间变化规律的一种数值模型，是进行天然水体水质模拟的主要工具，它可为水资源预警、水污染综合治理等提供理论依据。

3.2.1 河道一维对流扩散方程及其求解

1. 河道控制方程

$$\frac{\partial(AC)}{\partial t} + \frac{\partial(AUC)}{\partial x} = \frac{\partial}{\partial x}\left(AE_x\frac{\partial C}{\partial x}\right) - KAC + S \tag{3.43}$$

式中 C——污染物质的断面平均浓度；

       U——断面平均流速；

       A——断面面积；

       E_x——纵向分散系数；

       S——单位时间内、单位河长上的污染物质排放量；

       K——污染物降解系数；

       x——空间坐标；

       t——时间坐标。

初始条件： $\qquad\qquad\qquad C(x,0) = C_0$

边界条件： $\qquad\qquad\qquad C(0,t) = C$

2. 河道控制方程的离散

对式（3.43）进行离散，空间差分采用隐式逆风差分格式。

（1）顺流时（从断面 i 流向 $i+1$），有

$$\frac{\partial(AC)}{\partial t} = \frac{(AC)_i^{n+1} - (AC)_i^n}{\Delta t}$$

$$\frac{\partial(AUC)}{\partial x} = \frac{(QC)_i - (QC)_{i-1}}{\Delta x_{i-1}}$$

$$\frac{\partial}{\partial x}\left(AE_x\frac{\partial C}{\partial x}\right) = \frac{1}{\Delta x_{i-1}}\left[(AE_x)_i\frac{C_{i+1}-C_i}{\Delta x_i} - (AE_x)_{i-1}\frac{C_i-C_{i-1}}{\Delta x_{i-1}}\right]$$

$$-KAC + S = -K_{i-1}A_{i-1/2}C_i + S_{i-1}$$

（2）逆流时（从断面 $i+1$ 流向 i），有

$$\frac{\partial(AC)}{\partial t} = \frac{(AC)_i^{n+1} - (AC)_i^n}{\Delta t}$$

$$\frac{\partial(AUC)}{\partial x} = \frac{(QC)_{i+1} - (QC)_i}{\Delta x_i}$$

$$\frac{\partial}{\partial x}\left(AE_x\frac{\partial C}{\partial x}\right) = \frac{1}{\Delta x_i}\left[(AE_x)_i\frac{C_{i+1}-C_i}{\Delta x_i} - (AE_x)_{i-1}\frac{C_i-C_{i-1}}{\Delta x_{i-1}}\right]$$

$$-KAC + S = -K_iA_{i+1/2}C_i + S_i$$

（3）考虑到流向顺逆变化的影响，引入流向调节因子 r_c 及 r_d，对于断面表示为

$$\left.\begin{array}{ll} Q_w = (Q_i + Q_{i-1})/2 & Q_e = (Q_i + Q_{i-1})/2 \\ r_{cw} = (Q_w + |Q_w|)/2Q_w & r_{ce} = (Q_e + |Q_e|)/2Q_e \\ r_{dw} = (Q_w - |Q_w|)/2Q_w & r_{de} = (Q_e - |Q_e|)/2Q_e \\ r_c = r_d = 0, & (当\ Q_w = 0,\ Q_e = 0\ 时) \end{array}\right\}$$

得到任意流向下统一形式的差分方程：

$$\alpha_i C_{i-1} + \beta_i C_i + \gamma_i C_{i+1} = Z_i \quad (i=1,\cdots,n) \tag{3.44}$$

式中　α_i、β_i、γ_i——系数；

　　　　Z_i——右端项；

　　　　C_i——i 断面时段末的浓度；

　　　　n——某一河道的断面数。

1）对于一般断面（$i=2,3,\cdots,n-1$），分别表示为

$$\alpha_i = -(r_{cw}D_{ww} + r_{dw}D_{pw} + F_{cw})\Delta t/V$$

$$\beta_i = -(r_{cw}D_{ww} + r_{dw}D_{pw} + r_{ce}D_{pp} + r_{de}D_{ep} + F_{cp} - F_{dp})\Delta t/V + (r_{cw}K_{i-1} + r_{de}K_i)\Delta t + 1.0$$

$$\gamma_i = -(r_{ce}D_{pp} + r_{de}D_{ep} - F_{de})\Delta t/V$$

$$Z_i = -C_i^n + \left(r_{cw}S_{i-1}\frac{1}{A_{i-1/2}} + r_{de}S_i\frac{1}{A_{i+1/2}}\right)\Delta t$$

2）对于首断面（$i=1$），逆流时有

$$\left.\begin{array}{l} \alpha_1 = 0 \\ \beta_i = (r_{de}D_{ep} - F_{dp})\dfrac{\Delta t}{\Delta x_i A_{i+1/2}} + r_{de}K_i\Delta t + r_{de} \\ \gamma_1 = -(r_{de}D_{ep} - F_{de})\dfrac{\Delta t}{\Delta x_i A_{i+1/2}} \\ Z_1 = C_1^n + r_{de}S_1\dfrac{\Delta t}{A_{i+1/2}} \end{array}\right\}$$

3）对于末断面（$i=n$），顺流时有

$$\left.\begin{array}{l} \alpha_1 = -(r_{cw}D_{ww} + F_{cw})\dfrac{\Delta t}{A_{n-1/2}} \\ \beta_i = (r_{cw}D_{ww} - F_{cp})\dfrac{\Delta t}{\Delta x_{i-1}A_{i-1/2}} + r_{cw}K_{i-1}\Delta t + r_{cw} \\ \gamma_1 = 0 \\ Z_n = C_n^n + r_{cw}S_{n-1}\dfrac{\Delta t}{A_{i-1/2}} \end{array}\right\}$$

式中

$$A_{i-1/2} = (A_{i-1} + A_i)/2, A_{i+1/2} = (A_{i+1} + A_i)/2$$

$$V_1 = A_{i-1/2}\Delta x_{i-1}, V_2 = A_{i+1/2}\Delta x_i$$

$$V = r_{cw}V_1 + r_{de}V_2$$

$$\left.\begin{array}{ll} D_{ww} = (AE_x)_{i-1}/\Delta x_{i-1} & D_{pp} = (AE_x)_i/\Delta x_i \\ D_{pw} = (AE_x)_i/\Delta x_{i-1} & D_{ep} = (AE_x)_{i+1}/\Delta x_i \end{array}\right\}$$

$$\left.\begin{array}{ll} F_{cw} = (Q_{i-1} + |Q_{i-1}|)/2 & F_{cp} = (Q_i + |Q_i|)/2 \\ F_{dp} = (Q_i - |Q_{i-1}|)/2 & F_{de} = (Q_{i+1} - |Q_{i+1}|)/2 \end{array}\right\}$$

可将差分方程用向量形式表示为

$$A_c C_c = B_c \tag{3.45}$$

式中 A_c——$(n-1) \times n$ 阶的三对角系数矩阵;

        C_c——河道断面平均浓度的 n 维列向量;

        B_c——已知的 $(n-1)$ 维列向量。

式(3.44)中含 $(n-1)$ 个方程,n 个未知数,需引入节点方程及边界条件方可求解此方程。

3. 河网节点方程

根据质量守恒原理,对于污染物充分混合的节点,自时刻 $k\Delta t \sim (k+1)\Delta t$ 可得如下两类节点方程:

$$C_{i,1} = C_t \quad (i = m_1+1, m_1+2, \cdots, m) \tag{3.46}$$

$$\left.\begin{array}{l} \displaystyle\sum_{i=1}^{m_1} Q_{i,n+1} C_{1,n+1} - \sum_{i=m_1+1}^{m} Q_{i,1} C_{i,1} = \frac{1}{\Delta t}(K_T C_T - K_T^k C_T^k e^{-K\Delta t}) - W_T \\ \\ m = m_1 + m_2 \end{array}\right\} \tag{3.47}$$

式中 C_T——T 节点浓度;

m_1、m_2——此时刻流入及流出该节点的支流数;

$C_{i,1}$、$C_{i,n+1}$——节点支流 i 的首断面及末断面浓度(皆为靠近该节点的断面);

$Q_{i,1}$、$Q_{i,n+1}$——节点支流 i 的首断面及末断面流量(皆为靠近该节点的断面);

       K_T——该节点的调蓄水量,对于非调蓄节点该值为 0;

      W_T——节点污染源加入项;

式中上标为 k 的取时刻为 $k\Delta t$ 的变量值,其余取 $(k+1)\Delta t$ 时刻的值。

4. 方程的求解

河网中的每条河道都可以建立方程组,有 n 个方程和 $n+1$ 个未知数,将其进行适当的变换后可以得到如下方程:

$$C_{i,n+1} = f_i(C_{i,1}) \quad (i = 1, 2, \cdots, N) \tag{3.48}$$

式中 N——河网中的河道数;

$C_{i,1}$、$C_{i,n+1}$——第 i 条河道的首、末断面浓度;

       f_i——线性函数。

对每一个节点,把这种关系与河网的边界条件及相应的式(3.46)一起代入节点质量守恒方程式(3.47),即可得到节点方程组,其向量形式为

$$A_T C_T = B_T \tag{3.49}$$

式中 A_T——系数矩阵;

      C_T——节点浓度列向量;

      B_T——包括节点污染源的已知项列向量。

求解方程组(3.49)可得到节点浓度列向量 C_T,再由单一河道各断面浓度关系方程即可求得各断面浓度[37]。

3.2.2 水质指标模拟

本书采用美国国家环保局开发的 WASP5 模型中关于营养物质、浮游植物、碳质物质

和溶解氧的迁移转化的公式进行水质指标模拟。

1. 五日生化需氧量 BOD(C_B)

$$\frac{dC_B}{dt} = -K_B C_B \qquad (3.50)$$

式中　K_B——五日生化需氧量的综合降解系数，d^{-1}。

K_B 受到水流条件和温度条件的影响，其取值变幅较大，本次利用流域水文水质监测数据进行率定和验证。

2. 高锰酸盐指数 COD_{Mn}(C_C)

$$\frac{dC_C}{dt} = -K_C C_C \qquad (3.51)$$

式中　K_C——高锰酸盐指数的综合降解系数，d^{-1}。

K_C 受到水流条件和温度条件的影响，其取值变幅较大，本次利用流域水文水质监测数据进行率定和验证。

3. 总磷 TP(C_P)

$$\frac{dC_P}{dt} = \frac{\sigma_2}{A} - \sigma_4 C_P \qquad (3.52)$$

式中　σ_2——底泥释放磷的速率，d^{-1}；

　　　σ_4——磷沉降速率，d^{-1}。

4. 总氮 TN(C_N)

$$\frac{dC_N}{dt} = \frac{\sigma_3}{A} - J_3 C_{N3} \qquad (3.53)$$

式中　σ_3——底泥释放氮的速率，d^{-1}；

　　　J_3——脱氮速率常数，d^{-1}。

5. 溶解氧 DO（C_O)

$$S = \begin{cases} -k_{B1}C_B + k_O(C_{OS} - C_O) - 4.571k_N C_N - \dfrac{S_{O1}}{h} & (C_O > 1.0\text{mg/L}) \\[2mm] -k_{B2}C_B + k_O(C_{OS} - C_O) - \dfrac{S_{O2}}{h} & (1.0\text{mg/L} \geqslant C_O > 0.2\text{mg/L}) \\[2mm] -k_{B3}C_B + k_O(C_{OS} - C_O) - \dfrac{S_{O2}}{h} & (C_O \leqslant 0.2\text{mg/L}) \end{cases} \qquad (3.54)$$

式中　k_O——复氧系数，d^{-1}；

　　　C_{OS}——饱和溶解氧浓度，mg/L；

　　　C_O——溶解氧浓度，mg/L；

　　　h——断面平均水深，m；

　S_{O1}、S_{O2}——好氧及缺氧、厌氧条件下的底泥耗氧系数，g/($m^3 \cdot d$)。

3.3　并行模型研制

3.3.1　串行模型流程

以下为串行模型流程的伪代码：

```
getRiverAttributeDB//获得河道属性
getNodeToNodeRelation 获得每个节点与之相连节点的逻辑关系
getLakeRelation//获得调蓄节点附近逻辑关系
getRiverRelation//获得节点—河道逻辑关系
For time ：= BeginTime To EndTime Do
Begin
        getStillRainHeight//获得各平原分区静雨深
        CalNodeC//由断面浓度推求节点浓度（末断面推节点）
        CalBeginCrossC //将节点浓度赋予河道首断面（节点推首断面）
Repeat
        CalCoefficientbyRiver//按河道循环求解节点水位方程系数矩阵；
        CalCoefficientbyLake//按湖泊循环求解节点水位方程系数矩阵；
        CalCoefficientbyBrake//按闸门循环求解节点水位方程系数矩阵；
        CalNodeZZ//求解节点水位
Until(d<= 0.0001)Or(Loop>100)；
CalCrossZQ //由节点水位流量求解断面水位流量
CorrectNodeWaterFlowBySlope //修正节点水量
CalSingleRiverC//按河道计算断面污染物浓度（首断面推末断面）
End
```

3.3.2 并行可行性分析

通过以上流程伪代码，可以提取出河网一维水动力模型的并行成分，采用分解和递归型并行编程模型，如图 3.3 所示，每一层均可并发执行。每一层必须完全执行完毕，方可进行下一层的计算。模型计算流程如下：

（1）模型主线程创建 6 个子线程分别获取平原、山区、湖泊、水库、闸门、分蓄洪区及河道的属性信息。

（2）关闭以上 6 个线程并新创建 3 个线程分别计算出节点与节点逻辑关系、调蓄节点附近逻辑关系及节点—河道逻辑关系。

（3）关闭以上 3 个线程。按河道循环求解节点水位方程系数矩阵时，由式（3.3）～式（3.25）可知 C、D、E、F、G、φ、α、β、γ、ξ、ζ、η 等系数的求解只需用到本河道的相关属性，与其他河道无关。因此，此处也可进行并行处理，湖泊与闸门同理亦可。

（4）逐次超松弛迭代（Successive OverRelaxation Method）求解节点水位，由式（3.19）和式（3.20）可求解出断面水位、流量。

（5）由于存在计算误差，节点水量不能保持绝对平衡处，需进行节点水量修正。

（6）返回步骤（3），求解下一时刻水位、流量。

3.3.3 并行求解流程

由图 3.3 可知，在上一层信息计算完毕之前，不能进行下一层的计算，因此必须在程序中加以控制，使得数据保持同步，见图 3.4。在求解河道系数时，服务器首先发送广播征求各客户端的负载信息（信息素），客户端收到此指令时，动态获得当前的内存使用率、CPU 使用率、线程数以及机器性能参数等，采用蚂蚁算法计算出当前客户端的负载值，

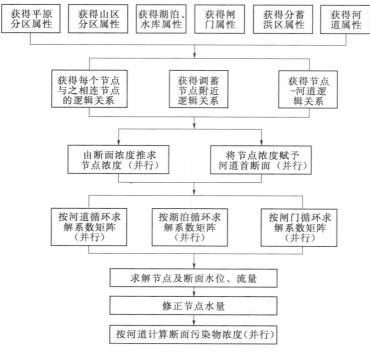

图 3.3　河网一维水动力模型流程图

发给服务器。服务器根据收到的各客户端负载信息，将所需计算的河道数，按照权重分配到各客户端，并将计算所需要的数据打包发给客户端，此时服务器进入等待状态，直到所有的计算结果均已返回，再进行下一步的计算。客户端接收到数据后，开始解包、计算并将计算结果返回给服务器。此时，若客户端计算尚未完成时因某种原因如死机，误操作等导致不能继续计算，服务器根据心跳测试能实时检测到当前可用的客户端，然后将该客户端未计算完成的河道转移给其他可用的客户端计算。此进程迁移功能虽然需要较大的通信开销，但能保证数据的完整性和准确性，MPI 和 PVM 均不能提供此功能，为本模型独创。

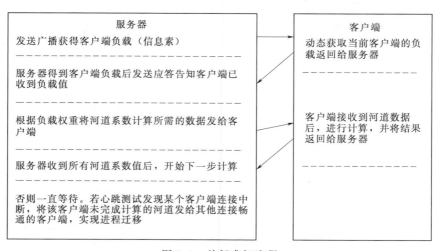

图 3.4　并行求解流程

3.4 算例——太湖流域上海浦东新区调水改善水环境数值模拟

3.4.1 研究背景

太湖流域上海浦东平原河网地处上海市东大门,东濒长江主航道出海口(长江口西南;东南端水域为长江与东海的交汇处),西临黄浦江,沿江与宝山、杨浦、虹口、黄浦、南市、卢湾、徐汇等区毗邻,南与南汇县及闵行区接壤,是与上海市中心区仅一江之隔的一块三角形地区。新区市政中心地理坐标东经 121°32′,北纬 31°13′。浦东新区地层为长江冲积层,由长江夹带泥沙在江海波浪、潮汐、流速和人为的相互作用下不断堆积而成。地势东南高,西北低,地面高程一般为 3.50~4.50m,少数地区达 5.00m 以上,平均高程约 4.00m,是坦荡低平的江海平原的一部分。新区土地面积 522.75km²,下属 10 个街道,26 个镇,见图 3.5 和图 3.6。

图 3.5 浦东新区概况图

浦东地区水环境污染源主要有企业污染源、生活污染源、面污染源等,浦东新区各类污染源产生的年污水总量高达 30171.0 万 t。浦东河网地区的污染物以有机污染为主,其中进入河道的化学需氧量达 11.02 万 t/a、生化需氧量达 3.34 万 t/a、氨氮达 0.785 万 t/a。浦东主要河道大部分监测断面化学需氧量值不小于 25mg/L,水质监测断面化学需氧量评价劣于 V 类,化学需氧量超标严重,全区各级河道水体绝大部分已丧失自净能力。从空间分布情况来看,浦东河网形成了由北向南,由西向东,水污染由重到轻的状况,例如北部河网内严家港、高浦港等河道,西部河网内白莲泾、三林塘港等河道污染较为严重。从时间分布情况来看,水质污染的季节性差异正由非汛期重于汛期污染型转向汛期污染重于非

汛期。同时，由于平原河网水流流速缓慢、顺逆不定、水体自净能力不强等特性，使得污染物随水流回荡，水质恶化更加加剧。浦东河网水质监测站点分布见图3.6。

图 3.6　浦东河网水质监测站点分布图

3.4.2　调水可行性分析

（1）河道情况和工程设施为引水提供了可能条件。浦东新区共有大小河道 4600 多条（黄浦江除外），总长度 2276.36km，河网密度 4.35km/km²。区内河道纵横贯通，17 条骨干河道，也纵横交错，其中东西走向的河流有川杨河、高浦港、高桥港、外环运河、赵家沟、张家浜、白莲泾、吕家浜、江镇河；南北走向的河流有随塘河、浦东运河、曹家沟、马家浜、三八河，见图3.7。

周边有水利工程控制设施：浦东新区自 20 世纪 60 年代以来，相继在黄浦江支流上建造了三岔港、老黄浦、高桥、东沟、西沟、洋泾、张家浜、白莲泾、杨思、北港和三林等水闸；沿长江口建造了外高桥、五好沟、三甲港、张家浜等节制闸，形成水利大包围控制。区内各河道水文要素受水闸控制，主要闸的分布情况见图3.7。新区现有水闸 28 座（不含浦东国际机场），总设计最大引水量 1275m³/s，总设计最大排水量 1870.9m³/s，受益面积为整个浦东新区和南汇部分地区。其中 12 座主要水闸总设计最大引水量 934m³/s，总设计最大排水量 1327m³/s（见表3.1），上述水闸的引排能力为调水创造了工程可行性条件。

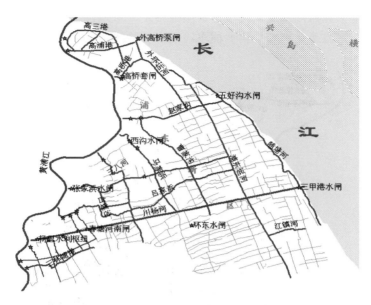

图 3.7 浦东河道及水闸分布情况图

表 3.1   浦东新区主要水闸引排水量表

闸 名	所在上游河道	最大设计排水量/(m³/s)	最大设计引水量/(m³/s)
高桥套闸	高桥港	75	98
东沟水利枢纽	赵家沟	65	50
白莲泾套闸	白莲泾	123	65
西沟水闸	马家浜	75	60
五好沟水闸	随塘河	98	60
张家浜水闸	张家浜	65	40
三甲港水闸	川杨河	345	177
洋泾套闸	三八河	70	50
杨思水利枢纽	川杨河	203	146
外高桥泵闸	外环运河	80	80
三林套闸	三林塘港	88	68
北港水闸	三林北港	40	40

（2）河网的潮汐特性为引长江水提供了基本的水动力条件。长江口属非正规的浅海半日潮，每日有两次涨落。可以在高潮水位高于内河道水位时，开闸引清水，同时低潮水位低于内河道水位时，关闸将内河污水排出。因此可以充分利用感潮河网的潮汐水动力特性，发挥现有的水闸、水泵等水利工程的作用，实施人工调度。

（3）周边长江、黄浦江水源地是引水的有利条件。浦东新区特殊的地理位置，使其拥有丰富的过境流量。长江口水质一般为Ⅲ～Ⅳ类，COD_{Cr}浓度一般在 20mg/L 以下，黄浦江中上游水质一般为Ⅳ～Ⅴ类，COD_{Cr}浓度一般在 25mg/L 以下，而浦东河网内东部

COD_{cr}浓度一般在 20mg/L 以上，浦东河网内西部 COD_{cr}浓度一般在 25mg/L 以上，长江、黄浦江水源水质都好于河网内部水质，因此浦东河网地区具备良好的引水水源。

通过合理的群闸联合引排水调度，使浦东新区主要骨干河道的水体由回荡不定向变为定向流动，并带动区内其他中小河道水体有序流动，以增加河网水体更换次数，达到稀释、削减污染总量，可有效改善新区内河网水体水质现状和水环境质量，因此通过调水改善河网地区的水环境质量是可行的。

3.4.3 模型率定与验证

1. 河道概化

由于计算工作量及资料的限制，模拟计算时采用的河网与真实的不可能完全一致。模拟计算时采用的河网是在天然河网的基础上进行合并和概化的。概化的原则是使河网在输水能力与调蓄能力两个方面必须与天然河网相似。除此之外还应遵循以下原则：主要河道不要合并；对于一些次要的河道，可以将两条或者更多条平行河道用一条概化河道来代替；更小的基本上不起输水作用的河道作为河道上起调蓄作用的附加宽度来处理。在模型率定阶段，若发现这些参数不合理，则可做适当修改，使水流模拟得更切合实际情况。

由于浦东地区赵家沟以北水系与赵家沟以南水系不通，根据以上原则将该河网概化为 61 个节点（其中 7 个边界节点）、68 条（段）河道、136 个断面，河网概化图见图 3.8。河道断面概化为梯形断面，由边坡、底高、底宽 3 个要素来表示。

图 3.8 河网概化图

2. 水量模型的率定

水量模型中，河道的糙率为模型的待率定参数。糙率的精度直接影响着水量模型的计算精度。天然河道的糙率与很多因素有关，如河床沙、石粒径的大小、沙坡的形成或消失、河道弯曲程度、断面形状的不规则性、深槽中的潭坑、沙地上的草木、河槽的冲击以及整治河道的人工建筑物等。这些复杂的因素不仅沿河道的长度变化，而且在同一河段上也随水位的变化而不同。

计算边界采用三甲港水闸（闸外），三林套闸（闸外）2002 年实测水位过程。时间步长取 900s，采用试错法进行率定，即根据部分断面实测的水位资料或流量资料，调试各

河道的糙率，使得计算水位或流量过程与实测水位或流量相吻合，得出浦东地区河道糙率为 0.022～0.028，模型率定的主要依据是 2002 年 9 月 19—25 日实测水位过程，水位率定的结果见图 3.9、图 3.10 和表 3.2。

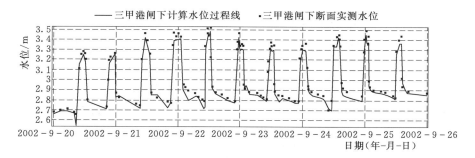

图 3.9   三甲港（内河）水位率定图

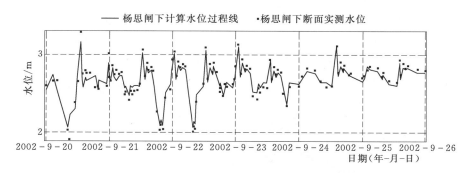

图 3.10   杨思（内河）水位率定图

表 3.2　　　　　　　　　　　　　　水位实测值与计算值统计表　　　　　　　　　　　　　单位：m

站　名	时　间	实测值	计算值	绝对误差
三甲港闸下	20 日 10 时	3.12	3.29	0.17
三甲港闸下	21 日 16 时	2.83	2.95	0.12
三甲港闸下	24 日 13 时	3.43	3.33	−0.1
三甲港闸下	25 日 14 时	3.44	3.36	−0.08
杨思闸下	20 日 09 时	1.9	2.02	0.12
杨思闸下	21 日 18 时	2.27	2.35	0.08
杨思闸下	23 日 18 时	2.51	2.39	−0.12
杨思闸下	25 日 02 时	2.81	2.89	0.08

在率定时出现过解节点水位方程组不收敛的情况，经过分析发现是没有将水闸的调度规则加入程序里，使得内河道"干涸"（即水深为负值），导致方程组不收敛。在加入调度规则后，程序运行良好。

3. 水量模拟误差分析

对水量模拟结果（表 3.2）进行误差统计分析，结果表明，模拟结果能很好地反映实际水流情况。分析误差产生的原因，概化的河道与实际河道之间存在一定的误差，对河道内小河流概化不够全面。同时，水闸工况调节在模拟过程中也会存在误差，这也是造成最终误差存在的原因之一。

4. 感潮河网水质模型的率定与验证

计算条件：2002 年 9 月 19—26 日的水流过程用水量模型进行水量计算，其结果作为水质计算的已知条件，然后根据已知断面 2002 年 9 月 19—26 日的 COD 浓度值反复调试 COD 降解系数 K_c，直至计算值与监测值充分接近，率定结果见图 3.11、图 3.12 和表 3.3。

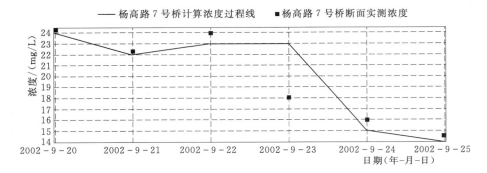

图 3.11　杨高路 7 号桥断面水质计算与模拟比较图

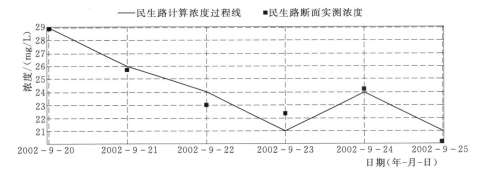

图 3.12　民生路断面水质计算与模拟比较图

表 3.3　　　　　　　　　　　　水质误差计算统计表

站　名	时　间	实测值/m	计算值/m	相对误差/%
杨高路 7 号桥	9 月 20 日	24.0	24.4	1.7
杨高路 7 号桥	9 月 21 日	22.0	22.16	0.7
杨高路 7 号桥	9 月 22 日	23.0	24.0	4.3
杨高路 7 号桥	9 月 23 日	23.0	18.0	−21.7
杨高路 7 号桥	9 月 24 日	15.0	16.0	6.7

续表

站　名	时　间	实测值/m	计算值/m	相对误差/%
杨高路 7 号桥	9 月 25 日	14.0	14.50	3.6
民生路	9 月 19 日	22.0	21.36	−2.9
民生路	9 月 20 日	29.0	21.41	−7.59
民生路	9 月 21 日	26.0	25.78	−0.8
民生路	9 月 22 日	24.0	23.01	−4.1
民生路	9 月 23 日	21.0	22.36	6.5
民生路	9 月 24 日	24.0	24.15	0.6
民生路	9 月 25 日	21.0	20.36	−3

对水质模拟进行误差统计分析，结果表明，相对误差大部分在 30% 以内。分析误差产生的原因主要有：①掌握的污染源资料不足；②河网概化对水质模拟产生一些误差；③水量模拟产生的误差会对水质模拟产生影响。以上的原因造成了模拟结果与实际情况误差的存在，但是大部分控制点的误差在 30% 以内，因此所建立的水质模型基本上能反映河网调水过程中的实际情况。

5. 成果分析

（1）综合各水闸的模拟运行情况，计算得出河网调水期间总引水量为 2661.3 万 m^3，总排水量为 2495.02 万 m^3，结果能够较好地反映出实际调水过程，模型的误差在允许范围内。

（2）河网调水能形成理想的河网水流定向流动，引进清水排出污水，水质改善明显，调水结束后大部分水体 COD 达到Ⅳ类以上标准，达到了调水改善水环境的目的，调水对黄浦江下游水质、川杨河水质均无不良影响。

将河网水量水质模型与 GIS 技术相结合既能发挥河网数值模拟的作用，又能发挥 GIS 空间分析与表达的能力，为河网水环境决策管理提供更现代的信息技术支持。

3.4.4　并行效率分析

如表 3.4 所示，浦东地区 61 个节点（其中 7 个边界节点）、68 条（段）河道、136 个断面采用并行矩阵标识法的计算速度大大超过串行不减少零元素存储的计算速度。计算时间段为 2002 年 9 月 19—25 日，时间步长为 900s。

表 3.4　　　　　　　　　　　计 算 耗 时 表

计算机台数	计算所需时间	计算机台数	计算所需时间	计算机台数	计算所需时间
1	5min46s	2	3min18s	3	6min57s

模型所花费的时间由模型计算所需的时间和通信开销的时间组成。当每增加一台计算机分担的单元数计算所节省的时间大于通信开销的时间，则能提高计算的速度；反之，则会延缓计算的速度。如表 3.4 所示，当 2 台计算机并行计算时，计算时间成比例减少。1 台 Celon2.8GHz 计算机求解所需时间为 5min46s，而 2 台计算机所需时间仅为 3min18s，相应加速比为 1.75，并行效率达到了 87.4%。而当计算机台数增加为 3 台时，计算时间反而增大了，说明此时增加的 1 台计算机分担的单元数计算所节省的时间小于通信开销的时间，因此，在 61 个节点的矩阵标识模型计算时，2 台计算机并行计算能取得最优效果。

二维并行水量水质数值模型研制

4.1　水环境数值模型建立

4.1.1　基本方程组

守恒型二维浅水方程与对流扩散方程耦合的矢量表达式为

$$\frac{\partial q}{\partial t}+\frac{\partial f(q)}{\partial x}+\frac{\partial g(q)}{\partial y}=b(q) \tag{4.1}$$

$$\bm{q}=\left[h,hu,hv,hC_i\right]^{\mathrm{T}}$$

$$\bm{f}(q)=\left[hu,hu^2+\frac{gh^2}{2},huv,huC_i\right]^{\mathrm{T}}$$

$$\bm{g}(q)=\left[hv,huv,hv^2+\frac{gh^2}{2},hvC_i\right]^{\mathrm{T}}$$

式中　　$\bm{q}$——守恒量；

　　$\bm{f}(q)$——x 向通量；

　　$\bm{g}(q)$——y 向通量；

　　h——水深；

　　u、v——x 向和 y 向垂线平均水平流速分量；

　　g——重力加速度；

　　C_i——污染物垂线平均浓度。

源（或汇）项 $b(q)$ 为

$$b(q)=\left[b_1,b_2,b_3,b_4\right]^{\mathrm{T}} \tag{4.2}$$

其中　　　　　　　　　　　　　$b_1=0$

$$b_2=gh(S_{0x}-S_{fx})$$

$$b_3=gh(S_{0y}-S_{fy})$$

$$b_4=\nabla[D_i\,\nabla(hC_i)]-\mu_i hC_i+\mu_{i-1}hC_{i-1}+\mu_{i-2}hC_{i-2}+S_i \tag{4.3}$$

式中　　S_{0x}、S_{fx}——x 向的水底底坡和摩阻底坡；

　　S_{0y}、S_{fy}——y 向的水底底坡和摩阻底坡；

　　　D_i——离散系数；

∇——拉普拉斯算子；

μ_i——污染物综合降解系数；

S_i——污染物的源汇项。

污染物的综合降解系数及源汇项计算见表 4.1。

表 4.1　　　　　　　　　　污染物的综合降解系数及源汇项

序号	污染物指标	C_i	μ_i	μ_{i-1}	μ_{i-2}	C_{i-1}	C_{i-2}	S_i
1	COD	C_1	k_d	0	0	0	0	C_1'
2	NBOD	C_2	$k_{1n}+k_{3n}$	0	0	0	0	C_2'
3	CBOD	C_3	k_1+k_3	0	0	0	0	C_3'
4	DO	C_4	k_2	$-k_1$	$-k_{1n}$	C_3	C_2	$k_2 D_s h - \text{SOD} \cdot f$
5	ΔT	C_5	$k_s/\rho c_p h$	0	0	0	0	0
6	盐度	C_6	0	0	0	0	0	0

注　k_d—COD 的降解系数；k_1 和 k_{1n}—CBOD 和 NBOD 的氧化系数；k_3 和 k_{3n}—CBOD 和 NBOD 的沉浮系数；k_2—曝气系数；k_s—水面热耗散的综合系数；ρ—水的密度；c_p—水的比热；D_s—定气压下饱和溶解氧的浓度；SOD—底泥耗氧量；f—底泥占河床的面积比；C_1'、C_2' 和 C_3'—COD、NBOD 和 CBOD 的面污染负荷浓度。

6 种污染物指标的对流－扩散方程表达见式（4.4）～式（4.9）：

$$\frac{\partial(hC_1)}{\partial t}+\frac{\partial(huC_1)}{\partial x}+\frac{\partial(hvC_1)}{\partial y}=\frac{\partial}{\partial x}\left(D_x h\,\frac{\partial C_1}{\partial x}\right)+\frac{\partial}{\partial y}\left(D_y h\,\frac{\partial C_1}{\partial y}\right)-k_d hC_1+hC_1' \quad (4.4)$$

$$\frac{\partial(hC_2)}{\partial t}+\frac{\partial(huC_2)}{\partial x}+\frac{\partial(hvC_2)}{\partial y}=\frac{\partial}{\partial x}\left(D_x h\,\frac{\partial C_2}{\partial x}\right)+\frac{\partial}{\partial y}\left(D_y h\,\frac{\partial C_2}{\partial y}\right)-(k_{1n}+k_{3n})hC_2+hC_2' \quad (4.5)$$

$$\frac{\partial(hC_3)}{\partial t}+\frac{\partial(huC_3)}{\partial x}+\frac{\partial(hvC_3)}{\partial y}=\frac{\partial}{\partial x}\left(D_x h\,\frac{\partial C_3}{\partial x}\right)+\frac{\partial}{\partial y}\left(D_y h\,\frac{\partial C_3}{\partial y}\right)-(k_1+k_3)hC_3+hC_3' \quad (4.6)$$

$$\frac{\partial(hC_4)}{\partial t}+\frac{\partial(huC_4)}{\partial x}+\frac{\partial(hvC_4)}{\partial y}=\frac{\partial}{\partial x}\left(D_x h\,\frac{\partial C_4}{\partial x}\right)+\frac{\partial}{\partial y}\left(D_y h\,\frac{\partial C_4}{\partial y}\right)+k_2(D_s-C_4)$$
$$-k_1 hC_3-k_n hC_2-\text{SOD}\cdot f \quad (4.7)$$

$$\frac{\partial(hC_5)}{\partial t}+\frac{\partial(huC_5)}{\partial x}+\frac{\partial(hvC_5)}{\partial y}=\frac{\partial}{\partial x}\left(D_x h\,\frac{\partial C_5}{\partial x}\right)+\frac{\partial}{\partial y}\left(D_y h\,\frac{\partial C_5}{\partial y}\right)-\frac{k_s}{\rho c_p}C_5 \quad (4.8)$$

$$\frac{\partial(hC_6)}{\partial t}+\frac{\partial(huC_6)}{\partial x}+\frac{\partial(hvC_6)}{\partial y}=\frac{\partial}{\partial x}\left(D_x h\,\frac{\partial C_6}{\partial x}\right)+\frac{\partial}{\partial y}\left(D_y h\,\frac{\partial C_6}{\partial y}\right) \quad (4.9)$$

解出 NBOD(C_2) 和 CBOD(C_3) 后，NH_4-N 和 BOD_5 的浓度依据计算式为

$$C_{(NH_4-N)}=C_2/4.8 \quad (4.10)$$

及

$$C_{(BOD_5)}=C_3(1-e^{-5k_1}) \quad (4.11)$$

4.1.2　有限体积法基本公式

应用散度定理对式（4.1）在任意单元 Ω 上（见图 4.1）进行积分离散，求得 FVM 的基本方程为

$$\iint_\Omega q_t\,d\omega=-\int_{\partial\Omega}F(q)n\,dL+\iint_\Omega b(q)\,d\omega \quad (4.12)$$

式中　　n——$\partial\Omega$ 单元边外法向单位向量；

$\mathrm{d}\omega$ 和 $\mathrm{d}L$——面积分和线积分微元；

　$F(q)\ n$——法向数值通量，$F(q)=[f(q),g(q)]^{\mathrm{T}}$。

　式（4.12）表明法向通量的求解，可将二维问题转换为一系列局部一维问题。

　向量 q 为单元平均值，对于一阶精度则假定为常数。据此对式（4.12）离散求得 FVM 基本方程为

$$A\frac{\mathrm{d}q}{\mathrm{d}t}=-\sum_{j=1}^{m}F_n^j(q)L_j+b_*(q) \tag{4.13}$$

$$b_*(q)=[Ab_1,Ab_2,Ab_3,\sum D_i(\nabla hC_i)_nL_j-A(\mu_ihC_i-\mu_{i-1}hC_{i-1}-\mu_{i-2}hC_{i-2})+AS_i]^{\mathrm{T}}$$

式中　A——单元 Ω 的面积；

　$(\nabla hC_i)_n$——相邻单元法向 hC_i 梯
　　　　度，利用散
　　　　度定理，扩散通量项可表达为
　　　　$\sum D_i$（∇hC_i）$_nL$；

　　　m——单元边总数；

　　　L_j——单元中第 j 边的长度；

　$b_*(q)$——源汇项。

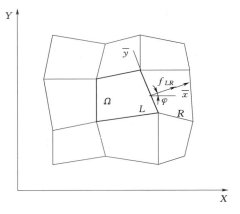

图 4.1　有限体积 Ω 示意图

　单元边法向通量 $F_n^j(q)$ 简记为 $F_n(q)$，其定义如下 [Spekreijse 1988]：

$$F_n(q)=\cos\varphi f(q)+\sin\varphi g(q) \tag{4.14}$$

　不难证明，$f(q)$ 和 $g(q)$ 具有坐标变换旋转不变性，即满足

$$T(\varphi)F_n(q)=f[T(\varphi)q]=f(\bar{q}) \tag{4.15}$$

即

$$\begin{aligned}F_n(q)&=F(q)n=f(q)n_x+g(q)n_y\\&=f(q)\frac{\Delta y}{\Delta s}-g(q)\frac{\Delta x}{\Delta s}=f(q)\cos\varphi+g(q)\sin\varphi\\&=T^{-1}(\varphi)f[T(\varphi)q]=T(\varphi)^{-1}f(\bar{q})\end{aligned} \tag{4.16}$$

$$T(\varphi)=\begin{bmatrix}1&0&0&0\\0&\cos\varphi&\sin\varphi&0\\0&-\sin\varphi&\cos\varphi&0\\0&0&0&1\end{bmatrix};T(\varphi)^{-1}=\begin{bmatrix}1&0&0&0\\0&\cos\varphi&-\sin\varphi&0\\0&\sin\varphi&\cos\varphi&0\\0&0&0&1\end{bmatrix} \tag{4.17}$$

式中　　　　　φ——法向向量 n 与 x 轴的夹角（由 x 轴起逆时针计量）；

　$T(\varphi)$ 和 $T(\varphi)^{-1}$——坐标旋转变换矩阵及其逆阵。

　将式（4.16）代入式（4.13），可得

$$A\frac{\Delta q}{\Delta t}=-\sum_{j=1}^{m}T(\varphi)^{-1}f(\bar{q})L^j+b_*(q) \tag{4.18}$$

式中　$\bar{q}$——由向量 q 变换而来，其相应的流速分量分别为法向和切向。

　由式（4.18）可见，求解的核心是 $f(\bar{q})$ 的计算。通过上述散度定理和通量旋转不变性的应用，原二维问题已转换成一系列法向一维问题，$f(\bar{q})$ 可通过解局部一维问题求

得。鉴于两相邻单元的 q 值可以不同，该值在两单元的公共边处可能发生间断，模型采用黎曼问题来处理 $f(\overline{q})$ 的计算。

4.1.3 法向数值通量

局部一维黎曼问题是一个初值问题，见图 4.1。

$$\frac{\partial \overline{q}}{\partial t} + \frac{\partial f(\overline{q})}{\partial x} = 0 \tag{4.19}$$

$$\overline{q} = \overline{q}_L \quad (\overline{x} < 0, t = 0)$$

$$\overline{q} = \overline{q}_R \quad (\overline{x} > 0, t = 0)$$

变换后的向量 $\qquad\qquad\qquad \boldsymbol{q} = (h, h\,\overline{u}, h\,\overline{v})^{\mathrm{T}}$

式中 $\quad \overline{q}_L$ 和 $\overline{q}_R$——向量 $\overline{q}$ 在单元界面左右的状态。

通过解此黎曼问题，可以获得所需要的外法向数值通量，记为 $f_{LR}(q_L, q_R)$，从而得到式（4.16）中的法向通量 $f(\overline{q})$，对其作逆矩阵变换 $T(\varphi)^{-1}$，就可以计算出原坐标系下的单元边通量 $F_n(q)$。以下为简洁起见，变换后的向量 $\overline{q}$ 和变量 $(\overline{u}, \overline{v})$ 上的短横线省略。

与浅水方程组类似，式（4.19）的特征方程为 $|J - \lambda I| = 0$，其中 I 为单位矩阵，J 为雅可比矩阵：

$$J = \frac{\mathrm{d}f}{\mathrm{d}q} = \begin{bmatrix} 0 & 1 & 0 \\ c^2 - u^2 & 2u & 0 \\ -uv & v & u \end{bmatrix} \tag{4.20}$$

其中 $\qquad\qquad\qquad\qquad c = (gh)^{1/2}$

特征方程的特征值为

$$\lambda_1 = u - c; \quad \lambda_2 = \lambda_3 = u; \quad \lambda_4 = u + c$$

通过求解 $J\gamma_k = \lambda_k\gamma_k$，得到相应的特征向量：

$$\left.\begin{aligned} \boldsymbol{\gamma}_1 &= (1, u - c, v)^{\mathrm{T}} \\ \boldsymbol{\gamma}_2 &= (0, 0, 1)^{\mathrm{T}} \\ \boldsymbol{\gamma}_3 &= (0, 0, 1)^{\mathrm{T}} \\ \boldsymbol{\gamma}_4 &= (1, u + c, v)^{\mathrm{T}} \end{aligned}\right\} \tag{4.21}$$

沿特征值 λ_k 和特征向量 γ_k 相应的特征线 Γ_k，黎曼不变量 $\Psi_k(q)$ 定义为

$$\nabla \Psi_k(q)\gamma_k(q) = 0 \tag{4.22}$$

其中 $\qquad\qquad \nabla \Psi_k = \left(\frac{\partial \Psi_k}{\partial q_1}, \frac{\partial \Psi_k}{\partial q_2}, \frac{\partial \Psi_k}{\partial q_3}, \frac{\partial \Psi_k}{\partial q_4} \right) \tag{4.23}$

解式（4.21）可得黎曼不变量的分量。

对 γ_1：$\Psi_1^{(1)} = u + 2c$，$\Psi_1^{(2)} = v$，$\Psi_1^{(3)} = C$；

对 γ_2：$\Psi_2^{(1)} = u$，$\Psi_2^{(2)} = h$，$\Psi_2^{(3)} = h$；

对 γ_3：$\Psi_3^{(1)} = u$，$\Psi_3^{(2)} = h$，$\Psi_3^{(3)} = h$；

对 γ_4：$\Psi_4^{(1)} = u - 2c$，$\Psi_4^{(2)} = v$，$\Psi_4^{(3)} = C$。

根据特征值的符号，通量 $f(q)$ 可分裂成

$$f(q) = f^{+}(q) + f^{-}(q) \tag{4.24}$$

式中 $\quad f^{+}(q)$ 和 $f^{-}(q)$——对应于 J 正负特征值的通量分量。

黎曼问题的近似解为

$$f_{LR}(q_L,q_R)=f^+(q)+f^-(q)$$

$$=f(q_L)+\int_{q_L}^{q_R}J^-(q)\mathrm{d}q \qquad (4.25)$$

$$=f(q_R)-\int_{q_L}^{q_R}J^+(q)\mathrm{d}q$$

式中 $J^+(q)$ 和 $J^-(q)$——对应于 J 正负特征值的雅可比矩阵。

式（4.25）中的积分项根据 Osher 格式沿连续的积分路径计算。设状态空间 q 中，两个已知状态 q_L 和 q_R 由 4 条分段特征线 $\Gamma_K(k=1，2，3，4)$ 相连。由于特征向量 γ_2 和 γ_3 的线性退化，Spekreijse（1988）证明 $f_{LR}(q_L，q_R)$ 与 Γ_2 和 Γ_3 的交点无关。因此可定义 q_L 和 q_A 由 Γ_1 连接，q_A 和 q_B 由 Γ_2 和 Γ_3 相连，q_B 和 q_R 由 Γ_4 连接。重新定义后的积分路径与浅水方程组积分路径类似。由黎曼不变量式（4.22），可得

$$\left.\begin{array}{ll}u_L+2c_L=u_A+2u_A & (v_L=v_A)\\ u_A=u_B & (h_A=h_B)\\ u_R-2c_R=u_B-2u_B & (v_R=v_B)\end{array}\right\} \qquad (4.26)$$

相应的状态变量 q_A 和 q_B 可根据式（4.26）解得

$$\left.\begin{array}{l}u_A=u_B=\dfrac{\Psi_L+\Psi_R}{2}\\[3mm] h_A=h_B=\dfrac{1}{g}\left(\dfrac{\Psi_L-\Psi_R}{4}\right)^2\end{array}\right\} \qquad (4.27)$$

其中

$$\Psi_L=u_L+2c_L,\Psi_R=u_R-2c_R$$

对于各段特征线，根据 λ_k 的符号和格式的逆风性可获得式（4.25）中积分项的近似。式（4.25）中近似黎曼算子为

$$f_{LR}(q_L,q_R)=\left\{\begin{array}{ll}f(q[\zeta])-f(q[s])+f(q[0]) & \lambda_k(q[0])>0,\lambda_k(q[\zeta])<0\\ f(q[s]) & \lambda_k(q[0])<0,\lambda_k(q[\zeta])>0\\ f(q[0]) & \lambda_k(q[0])\geqslant0,\lambda_k(q[\zeta])\geqslant0\\ f(q[\zeta]) & \lambda_k(q[0])\leqslant0,\lambda_k(q[\zeta])\leqslant0\end{array}\right\} \quad (4.28)$$

特征值 $\lambda_k(q[p])(k=1,2,3,4)$ 和状态变量 $q[0]$、$q[\zeta]$ 取各段特征线两端点处的值。$q[s]$ 为改变符号的"临界点"处的状态。对于已知水量变量（如 u 和 c），法向数值通量 $f_{LR}(q_L,q_R)$ 有 16 种可能解（见表 4.2）。再利用式（4.18）即可解算出水量变量和浓度。

表 4.2　　　　　　　　　　　浅水方程组 Osher 格式法向数值通量

F_{LR}	$u_L<c_L$ $u_R>-c_R$	$u_L>c_L$ $u_R>-c_R$	$u_L<c_L$ $u_R<-c_R$	$u_L>c_L$ $u_R<-c_R$
$c_A<u_A$	F_1	F_L	$F_L-F_3+F_R$	$F_L-F_3+F_R$
$0<u_A\leqslant c_A$	F_A	$F_L-F_1+F_A$	$F_L-F_1+F_A-F_3+F_R$	$F_L-F_1+F_A-F_3+F_R$
$-c_B<u_A<0$	F_B	$F_L-F_1+F_B$	$F_B-F_3+F_R$	$F_L-F_1+F_B-F_3+F_R$
$u_A\leqslant-c_B$	F_3	$F_L-F_1+F_3$	F_R	$F_L-F_1+F_R$

4.1.4 边界条件

模型有 5 类水流边界和 4 类水质边界。水流边界为：①陆地边界；②缓流及急流的开边界；③内边界；④无水与有水单元转换的动边界；⑤湿地支流边界。水质边界为：①开边界处的污染物浓度；②陆地边界处的点源污染；③通过内边界的污染物浓度；④面污染。上述边界条件，除面污染外，其他边界条件均给定在单元的某一边，并将在下列各节进行讨论。

1. 陆地边界

陆地边界也称作闭边界。如果两单元之间的公共边没有水流通过则该边称为陆地边界。这类边界设定：

$$\left.\begin{array}{l} u_R = -u_L \\ h_R = h_L \end{array}\right\} \tag{4.29}$$

2. 开边界

当单元边与计算域边界或物理边界一致时，必须求解边界黎曼问题。前述三种求解内部问题的黎曼近似解 Osher，FVS 和 FDS 均可使用。此时，边界处 q_L 为已知量，而 q_R 为要求的未知数。它可以根据局部流态类型（缓流或急流）和相容条件，通过选择外法向特征关系或根据指定的物理边界条件来确定。

（1）缓流边界。三种可能的边界条件如下。

1）给定水位过程时：

$$u_R = u_L + 2\sqrt{g}\left(\sqrt{h_L} - \sqrt{h_R}\right) \tag{4.30}$$

2）给定单宽流量 q_R 过程时，可通过联解 $q_R = u_R h_R$ 和式（4.30）求得 h_R 和 u_R。

3）给定水位-流量关系时，可根据该关系曲线及式（4.30）求得 h_R 和 u_R。

上述边界条件中均设定 $v_L = v_R$。

（2）急流边界。急流情况下，上述 3 种水流边界条件必须设定在计算域的某一边界（例如在一维情况下，这些边界条件只能设在上游）。

3. 内边界

模型中水利设施处的水流、水质计算仍处于 FVM 框架之下，但是法向通量的计算不能应用黎曼近似解 Osher、FVS 和 FDS，而要采用与水利设施相应的出流公式。其通量公式概括如下：

$$f(\bar{q}) = \begin{bmatrix} Q_m \\ Q_m u_n + \dfrac{gh^2}{2} \\ Q_m v_t \\ Q_m C_i \end{bmatrix} \tag{4.31}$$

$$u_n = u\cos\varphi + v\sin\varphi$$
$$v_\tau = v\cos\varphi - u\sin\varphi$$

式中　C_i——污染物浓度垂线平均值；

　　　Q_m——水工建筑物出流；

h——水深；

u_n、v_t——法向流速和切向流速；

u、v——x 和 y 方向的流速分量。

式（4.31）中，第一行是水流质量通量（即流量）；第二、第三行是水流动量通量；第四行是污染物浓度通量。具体计算叙述如下：

（1）质量通量。内边界处的质量通量实质上是通过单元边为水工建筑物的单宽流量，流量计算公式由水工建筑物类型而定。模型中的水工建筑物主要为：堰、闸、堤、桥、涵。

（2）堰。

$$Q_w = (C_{1w} \sqrt{D_{Z1}} D_{Z1} + C_{2w} \sqrt{D_{Z2}} D_{Z2}) L_w \qquad (4.32)$$

$$C_{1w} = C_w C_s R_w$$

$$C_{2w} = C_w C_s (1 - R_w)$$

式中 C_w——流量系数，通常与上游水深及堰的高度有关；

C_s——淹没系数，取决于上下游水位差；

R_w——堰顶缺口长度与堰顶长度之比；

D_{Z1}——上游水位与堰顶高程之差；

D_{Z2}——上游水位与堰顶缺口高程之差；

L_w——堰长。

模型中的堰可设定于计算域内部，也可位于计算域边界处。

（3）闸。

$$Q_g = C N_g L_g H_e^{3/2} \qquad (4.33)$$

式中 C——无闸门控制自由出流的流量系数，是 H_e 的函数；

H_e——堰顶总水头；

N_g——总的闸门个数；

L_g——每个闸门的长度。

（4）堤。当水位低于堤顶高程时，堤防便作为陆地边界。当水位高于堤顶高程时，溢堤流量的公式与堰流公式相似。

（5）动量通量。内边界两个动量分量［即 $f(\bar{q})$ 向量的第二、第三个元素］的计算简化为式（4.30），不使用黎曼近似解。

4. 动边界—干湿单元的转换

流域中部分地区的干湿循环变化，可根据本单元及相邻单元的水量条件来计算。在单元变干的过程中，有水的单元通过流量（即单元边质量通量）向四周邻近单元传输水量逐步变成半干单元，当单元内水深小于指定的极小阈值后成为完全的干旱单元。反之，在单元变湿的过程中，干旱单元由于周边邻近单元来水流量而逐步变成半干单元，当单元内水深大于另一指定的阈值后成为完全的湿单元。

当某一单元处于完全干旱状态，该单元不参加计算；当单元为半干旱状态，则根据水

量平衡及简化的动量平衡方程进行计算；当单元为完全湿单元时，应用完整的黎曼近似解来求解方程组，用以确定单元为完全干旱、或半干旱、或完全湿的标准将在下面讨论。

（1）完全湿单元。当本单元及其相邻单元的水深均大于预定的第二级阈值 HTOL2，则该单元称为湿单元，其水量变量用黎曼近似解 OSHER 或 FVS 或 FDS 求解。

（2）完全干旱单元。当本单元水深小于预定的第一级阈值 HTOL1，且单元所有边界均为陆地边界，则该单元称为完全干单元，不进行任何水量计算。陆地边界处无水流通过。通常，第一级水深阈值 HTOL1 非常小，大约为 0.001m。

（3）半干半湿单元。当本单元水深大于第一级水深阈值 HTOL1 但小于第二级阈值 HTOL2、或本单元水深小于第一级水深阈值 HTOL1 但单元的边界不全是陆地边界，则该单元称为半干半湿单元。此时，通过单元边的质量通量 Q_m（CQ）根据水量平衡计算而动量通量按简化公式计算。可能的 7 类计算方法如下：

1）给定单元边流量时，CQ 等于该给定流量。

2）给定单元边水位时，CQ 根据黎曼不变量公式计算：

$$CQ = F_{LR}(q_L, q_R) = h_R u_R \tag{4.34}$$

式中　　h_R——给定水深；

　　　　u_R——同时求解黎曼不变量公式 $\Psi_L = u_R + 2(gh_R)^{1/2}$ 和 $\Psi_L = u_L + 2(gh_L)^{1/2}$ 所得的流速，在本情况下，$u_L = 0$，因而，$u_R = 2\sqrt{g}(\sqrt{h_L} - \sqrt{h_R})$。

式（4.34）与 OSHER 格式一致。

3）给定水位流量关系时，CQ 根据该水位流量关系及单元水深确定。

4）设定一水工建筑物时，CQ 按照相应的建筑物出流公式计算。

5）陆地边界时，CQ 为零。

6）内部单元时，CQ 应用相似于堰流的公式计算。

7）当两相邻单元间底高程差大于预定参数 HTOL3 且一单元的底高程高于另一单元的水面时，从底高程高的单元向低单元流的流量应用相似于临界流的公式计算。

5. 湿地支流边界

模拟区内的湿地或支流入流可以设置在某一单元边上，其流量计算为表 4.2 中 $u_L < c_L$ 且 $u_R > -c_R$ 及 $c_A < u_A$ 的情况。若单元某边有调水时，可按负的湿地或支流入流处理。

6. 水质边界

模型有 4 类水质边界。

（1）开边界。污染物随着水流进出该边界，通常，在入流边界给定污染物浓度过程 $C_i(t)$，而在出流边界处给以污染物浓度梯度 dC_i/dn。

（2）点源污染。诸如工业废水和生活污水，通常给出污水流量（kg/s）。该项在方程源汇项中计算。

（3）内边界。当污染物随水流通过水工建筑物时，相应的污染物浓度利用式（4.30）进行计算。

（4）面污染。由田间施肥或农药引起的污染，通常由降雨径流带入河、湖，其污染物浓度通过方程中各单元与净雨相应的源汇项来计算。

4.2 并行模型研制

4.2.1 串行模型流程

以下为串行模型流程的伪代码：

```
getEleNodeInfo;//获得单元节点号
getEleArea;//获得单元面积
getBoundType;//获得边界类型
For time : = BeginTime To EndTime Do //时间段循环
Begin
GetCalBoundValue;//获得边界值
For I : = 1 To NELEM Do //单元数循环
Begin
  JudgeElementWetDryType;//判定单元干湿类型
  For J:=1 To 3 Do //单元边循环
  Begin
  JudgeElementSideType;//判断是否为水工建筑物并计算其通量
CalFlux;//应用 Osher,FVS,或 FDS 格式计算法向通量
  End;
  CalTimeEndValue;//计算各单元的水量变量及污染物浓度
End;
End;
```

4.2.2 程序运行次序

1. 流程及运行次序

模型流程见图 4.2。其运行次序简述如下：

（1）主程序先读入单元的各种几何要素，并计算单元的面积及单元边法向向量。

（2）模型采用显格式，其水流-水质模拟起始于时间循环运行，每一时间增量即为计算步长。在每一计算步长内，进行逐单元的空间循环运行。

（3）对各单元进行单元边的循环，计算通过各边的法向通量，并进而累计算得单元水量、动量、污染物浓度等的总通量。

2. 边界条件处理

各单元边法向通量计算时，单元干湿属性取决于本单元及相邻单元的水深，及预先设定的 HTOL1 和 HTOL2 阈值。

当单元边两侧单元的水深均大于 HTOL2 时，处于完全浸水（湿）的状态，主程序调用 WET 子程序。在 WET 子程序中，如该单元边不是水利枢纽，则调用子程序 OSHER 及 RIEMAN 或调用 FVS 也可调用 FDS 子程序。如果单元边为水利枢纽，这就是所谓的内边界，可根据水工建筑物的类型，调用子程序 WEIR、GATE、或 LEVEE 等计算法向通量。若单元边位于计算区的周边且为开边界时，则调用 BOUND 子程序，求解边界黎

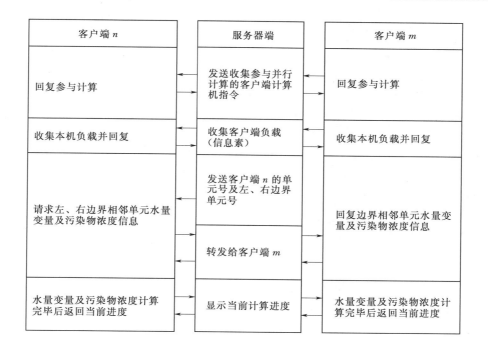

图 4.2　并行流程图

曼问题。

当单元边两侧单元中有一侧的水深小于 HTOL2 时，处于半干半湿状态，主程序调用 WETDRY 子程序，计算过程与上述完全浸水情况相似。如该单元边不是水利枢纽，则应用简化公式计算水量、动量及污染物浓度法向通量。如果单元边为水利枢纽即内边界，可根据水工建筑物的类型，调用子程序 WEIR、GATE、或 LEVEE 等计算法向通量。若单元边位于计算区的周边且为开边界时，则利用 WET 子程序调用 BOUND 子程序，求解边界黎曼问题。

当单元边两侧单元的水深均小于 HTOL1 时，处于完全干旱状态，不参加计算。

（1）根据步骤（3）算得的总通量，主程序计算各单元的水量变量（水深、流速）及污染物浓度。

（2）重复步骤（3）和步骤（4）直至所有单元均已计算。此时，单元循环结束，进入下一时段计算。

（3）在模拟计算期间，根据用户设定的打印频率调用 OUTPUT 子程序，输出计算成果。当各时段循环结束后，打印出最后结果。

4.2.3　并行可行性分析

在计算每个单元的水量变量及污染物浓度时只需用到与之三条边相邻的单元的水量变量及污染物浓度信息。如果能将相邻单元的信息传递给该单元则每个单元就能独立进行计算，从而达到并行的效果。基于以上思路，采用 SPMD 并行编程模型，每个客户端运行相同的水量水质数值模型模拟不同的计算片区，服务器端负责对计算片区进行划分，并将

划分结果发送给相应的客户端并将每个片区边界单元的信息传递给相邻的片区，使每个片区都能单独进行计算，从而达到并行的效果。

4.2.4 并行求解流程

本模型分为服务器端和客户端两部分。

（1）服务器端首先收集参与并行计算的客户端计算机；向各客户端发送指令收集其负载（信息素）。然后根据各客户端当前负载将计算区域的网格按负载平衡策略进行分配。

（2）沿河道横向画 $N-1$ 条直线将三角网划分 N 部分（N 为客户端数），使得每部分的单元数近似等于按权重计算的单元数。

（3）将每部分的单元号、左右边界相邻单元号下发给相应的客户端。

（4）在每个计算时段初请求左右边界相邻单元号水量变量及污染物浓度信息。

（5）每个客户端进行该部分数值计算，计算流程见图 4.2。

（6）重复步骤（4）、步骤（5）直到所有计算时段计算完毕。

当计算尚未完毕时，若此时有客户端退出，分配给其的单元尚没有计算，则导致其他单元也无法获得其信息，从而不能计算下去。模型此时将由服务器向连接的各客户端发送本时段重新计算指令，客户端收到后立即停止当前计算，并等待重新接收计算网格信息。

4.3 算例——镇江内江水流数值模拟研究

4.3.1 研究背景

本次研究采用太湖流域镇江市内最大的水体——内江进行试验。内江处于城市主要河流古运河的上游，为古运河提供源水，见图 4.3。同时，内江又是运粮河、虹桥港的受纳水体，其水质变化与这几条入内江河流有紧密的关系。内江水环境的质量，不但在一定程度上决定了古运河的水环境质量，同时也决定着运粮河等入内江河道的污染控制工程。只有内江的水环境质量得到明显的改善，镇江整个城市的水环境质量才能得到提高，因此，镇江城市水环境的核心问题是内江的问题。

图 4.3　模型研究范围图

内江长期以来作为镇江港的港池使用,为了解决航道淤积问题,曾于 20 世纪 50 年代开通了引河,但是这一工程并没有解决航道淤积的问题。1987 年开通了引航道,通过引航道和长江连通,在一段时间内保证了船舶的航行。80 年代开始,由于经济的发展,内江沿岸工业企业增加,加上港口码头的污染物排放,内江的水质恶化加剧。近几年,根据城市规划的要求,许多污染企业搬迁出内江境内,另外由于内江淤积严重,镇江港已逐渐迁往长江,内江本身的污染在一定程度上得到了缓解。但是,内江的水质情况并没有得到根本的改善,目前在丰水期内江的水质基本上是 Ⅳ 类水,而枯水期为 Ⅴ 类水,有时甚至达到劣 Ⅴ 类的污染水平,水质恶化严重。

由于资料收集所限,本章以水动力数值模拟为例,对模型加以验证。

4.3.2 监测断面及监测点布设

垂直于引航道(A1)、下断面(A2)、焦南闸(A3)、运粮河(A4)分别设立了 4 处观测断面,每个断面设 3 条垂线,此外,在内江水域布设 7 条测验垂线,具体水文、水质、泥沙监测断面及监测点布设见图 4.4。

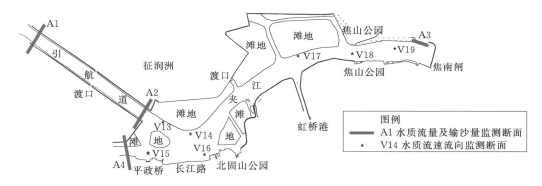

图 4.4 镇江内江段水环境质量监测采样断面(点)分布

注:北京坐标系,85 黄海高程基面

4.3.3 模型率定与验证

模型按照确定的三个口门(引航道断面、运粮河断面及焦南闸断面)边界条件进行控制,模拟洪季大潮,观测全潮潮位过程与实测资料进行对比,并通过调整边界使模型中的潮位过程与原型相接近。

由于只有 28h 的水位资料,故将前 14h 水位资料作为率定,后 14h 作为验证。结果详见图 4.5、图 4.6 和表 4.3。

糙率系数 n 根据地形取 $0.02 \sim 0.08$,其中深泓区为 0.025,浅滩区由于有水生植物的滞流作用,糙率取 0.08;紊动黏性系数取 $0.2\text{m}^2/\text{s}$,风拖曳系数取 $C_D = 1.0 \times 10^{-3}$。

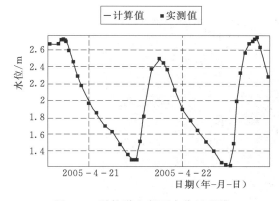

图 4.5 引航道上断面水位过程线

急涨流场和急落流场见图 4.7 和图 4.8，位于中泓的主流区流速较大，浅滩区由于植物的阻流作用，流速较小；涨潮时，水由引航道和焦南闸流入内江，落潮时，水由引航道流入内江后经焦南闸流出。涨急时引航道流速均达到了 0.65m/s 左右，引航道出口至虹桥港段的主流流速为 0.35～0.55m/s，滩地流速为 0.2m/s 左右，焦南闸断面进水流速较小；落潮时，模型得出的引航道至焦南闸的主流区流速为 0.3～0.45m/s，滩地流速为 0.4m/s 左右。

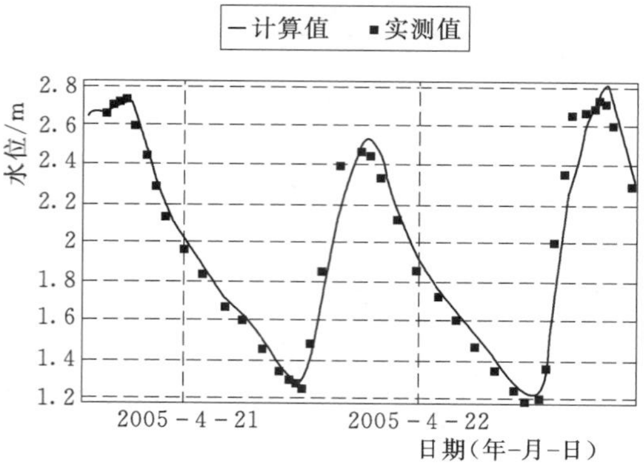

图 4.6　引航道下断面水位过程线

表 4.3　　　　　　　　　　　4 月 水 位 验 证 结 果　　　　　　　　　　　单位：m

时　　间	引航道上断面			引航道下断面		
	原型	模型	差值	原型	模型	差值
2004 - 4 - 21　8：00	2.67	2.69	−0.02	2.66	2.68	−0.02
2004 - 4 - 21　9：00	2.71	2.74	−0.03	2.73	2.73	0.00
2004 - 4 - 21　10：00	2.46	2.49	−0.03	2.45	2.52	−0.07
2004 - 4 - 21　11：00	2.19	2.17	0.02	2.12	2.20	−0.08
2004 - 4 - 21　12：00	1.97	1.94	0.03	1.96	1.99	−0.03
2004 - 4 - 21　13：00	1.85	1.88	−0.03	1.82	1.85	0.03
2004 - 4 - 21　14：00	1.70	1.73	−0.03	1.68	1.72	−0.04
2004 - 4 - 21　15：00	1.63	1.61	0.02	1.60	1.63	−0.03
2004 - 4 - 21　16：00	1.48	1.47	0.01	1.45	1.50	−0.05
2004 - 4 - 21　17：00	1.36	1.31	0.05	1.33	1.37	−0.04
2004 - 4 - 21　18：00	1.30	1.26	0.04	1.25	1.28	−0.03
2004 - 4 - 21　19：00	1.82	1.8	−0.02	1.85	1.68	0.17
2004 - 4 - 21　20：00	2.37	2.4	−0.03	2.39	2.19	0.2
2004 - 4 - 21　21：00	2.50	2.53	−0.03	2.46	2.46	0.00
2004 - 4 - 21　22：00	2.37	2.39	−0.02	2.33	2.46	−0.13
2004 - 4 - 21　23：00	2.13	2.17	−0.04	2.11	2.16	−0.05
2004 - 4 - 22　0：00	1.89	1.9	−0.01	1.85	1.92	−0.07
2004 - 4 - 22　1：00	1.76	1.79	−0.03	1.73	1.76	−0.03
2004 - 4 - 22　2：00	1.64	1.67	−0.03	1.60	1.65	−0.05
2004 - 4 - 22　3：00	1.50	1.6	−0.1	1.47	1.51	−0.04
2004 - 4 - 22　4：00	1.40	1.47	−0.07	1.35	1.40	−0.05
2004 - 4 - 22　5：00	1.26	1.29	−0.03	1.24	1.28	−0.04
2004 - 4 - 22　6：00	1.23	1.24	−0.01	1.20	1.22	−0.02

续表

时　　间	引航道上断面			引航道下断面		
	原型	模型	差值	原型	模型	差值
2004 - 4 - 22　7：00	1.99	1.98	0.01	2.00	1.76	0.24
2004 - 4 - 22　8：00	2.57	2.54	0.03	2.65	2.35	0.3
2004 - 4 - 22　9：00	2.71	2.67	0.04	2.69	2.70	-0.01
2004 - 4 - 22　10：00	2.63	2.58	0.05	2.60	2.73	-0.13
2004 - 4 - 22　11：00	2.28	2.22	0.06	2.29	2.33	-0.04

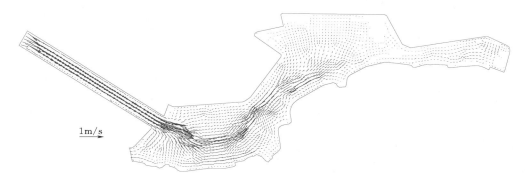

图 4.7　急涨流场图

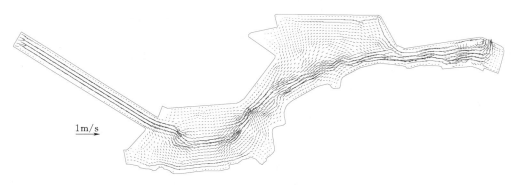

图 4.8　急落流场图

由此可见，建立的内江水流数值模型较好地反映内江水流运动特性，可应用于内江的水流模拟，同时也为内江的泥沙及污染物质输运模拟奠定了较好的基础。

4.3.4　并行效率验证

图 4.9 为计算区域有限体积网格模型，模型单元数目达到了近万个（8787），为了进行并行计算，系统采用蚂蚁算法自动对计算区域进行剖分，剖分的子区域数为 2～4 个，见图 4.10～图 4.12。计算时间段为 2005 年 4 月 21 日 7 时至 4 月 22 日 11 时，时间步长为 1s。表 4.4 是 1～4 个子区域时，在不同台数的计算机上进行计算所消耗的时间，并在此基础上计算出加速比和并行效率。

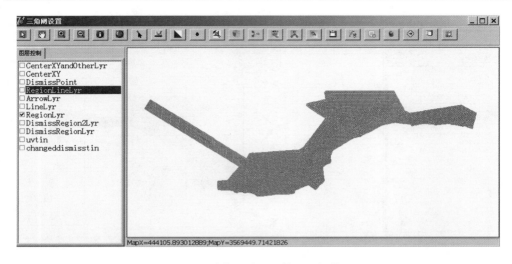

图 4.9 计算区域有限体积网格模型

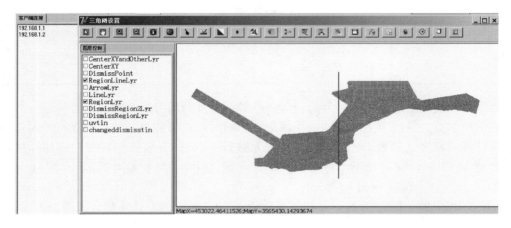

图 4.10 划分 2 个区域的网格剖分图

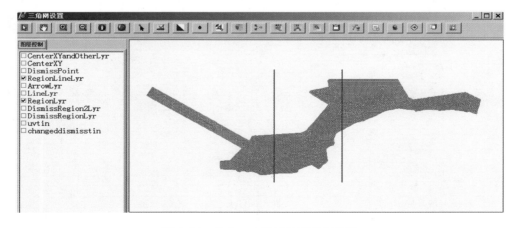

图 4.11 划分 3 个区域的网格剖分图

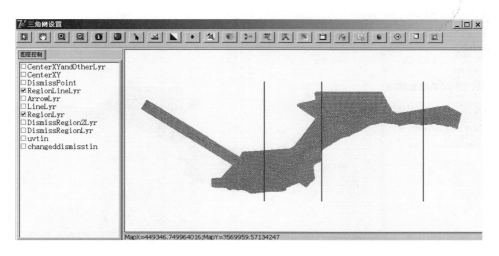

图 4.12 划分 4 个区域的网格剖分图

表 4.4 计 算 耗 时 表

计算机台数	计算所需时间	计算机台数	计算所需时间
1	2h46min2s	3	56min26s
2	1h36min18s	4	1h45min43s

模型所花费的时间由模型计算所需的时间和通信开销的时间组成。当每增加 1 台计算机分担的单元数计算所节省的时间大于通信开销的时间，则能提高计算的速度；反之，则会延缓计算的速度。如表 4.4 所示，对于单元数目 8787 的有限体积模型，当计算机台数由 1 台增加到 3 台时，随着计算机台数的增加，计算时间成比例减少。1 台 Celon 2.8GHz 计算机求解所需时间为 2h46min2s，而 3 台相同配置计算机所需时间仅为 56min26s，相应加速比为 2.94，并行效率达到了 73.5%。而当计算机台数增加为 4 台时，计算时间反而增大了，说明此时增加的 1 台计算机分担的单元数计算所节省的时间小于通信开销的时间，因此，在 8787 个单元数的有限体积模型计算时，3 台计算机并行计算能取得最优效果。

参 考 文 献

［1］ 周毓麟，沈隆钧. 高性能计算的应用及战略地位［J］. 中国科学院院刊，1999（3）：184－187.

［2］ 康立山，陈毓屏. 并行算法简介［J］. 数值计算与计算机应用，1988，9（3）：169－177.

［3］ 胡峰，胡保生. 并行计算技术与并行算法综述［J］. 电脑与信息技术，1999，5.

［4］ 陈国良. 并行计算：结构·算法·编程［M］. 北京：高等教育出版社，2001.

［5］ 张晓军，杨灿群，黄春. JAVA MPI 的实现［J］. 微型机与应用，2000，3.

［6］ JACKSON J R. Simulation research on job shop production［J］. Naval Res LogQuart，1957，4（3）：287－295.

［7］ MATSUURA H，TSUBONE H，Kanezashi M. Sequencing，dispatching and switching in dynamic manufacturing environment［J］. Int J of P rod Res，2007，31（7）：1671－1688.

［8］ SIM S K，YEO K T，LEEW H. An expert neural network system for dynamic job shop scheduling［J］. Int J of Prod Res，1994，32（8）：1759－1773.

［9］ LEE C Y，PIRAMUTHU S，TSAI Y K. Job shop scheduling with a genetic algorithm and machine learning［J］. Int J of Prod Res，1997，35（4）：1171－1191.

［10］ DORIGO M，MANIEZZO V，COLORNI A. Ant System：Optimization by a Colony of Cooperating Agents［J］. IEEE Transactions on Systems，Man and Cybernetics，part B，1996，26（1）：29－41.

［11］ 许智宏，孙济洲. 基于蚂蚁算法的网格计算任务调度方法设计［J］. 天津大学学报，2004，5.

［12］ 刘志雄，王少梅. 基于粒子群算法的并行多机调度问题研究［J］. 计算机集成制造系统，2006，2.

［13］ 程文辉，王船海. 用正交曲线网格及"冻结"法计算河道流速场［J］. 水利学报，1988，6.

［14］ THOMPSON Joe F，WARSI Z U A，MASTIN C W. Numerical grid generation：foundations and applications［M］. New York：North Holland，1985.

［15］ 王晓建，张廷芳. 非正交网格有限体积法在三维潮流场计算中的应用［J］. 水动力学研究与进展（A 辑），1997，12（1）：56－61.

［16］ 何子干，孙传红. 从区域分裂论三维问题的分层算法［J］. 水动力学研究与进展（A 辑），1994，9（5）：507－514.

［17］ 韩国其，汪德爟，许协庆. 天然水流三维数值模拟的进展［J］. 河海大学科技情报，1989，9（1）：13－22.

［18］ 韩国其，汪德爟. 宽浅型明渠非定常流的数值模拟［J］. 河海大学学报，1990，18（3）：40－46.

［19］ 白玉川. 海岸三维潮流数学模型的研究及应用［J］. 海洋学报，1998，20（6）：87－100.

［20］ 董文军，李世森，白玉川. 三维潮流和潮流输沙问题的一种混合数值模拟及其应用［J］. 海洋学报，1999，21（2）：108－114.

［21］ 朱琰. 太湖流域实时洪水预报调度系统研究［D］. 河海大学博士学位论文，2004，4：4－6.

［22］ 朱琰. 平原河网区域来水组成原理［J］. 水文，2003，2.

［23］ 朱琰. 线性扰动模型在洪水随机模拟中的应用［J］. 河海大学学报，1994，1.

［24］ 程文辉，王船海. 用正交曲线网格及"冻结"法计算河道流速［J］. 水利学报，1988，6.

［25］ 王船海. 河道二维非恒定流场计算方法研究［J］. 水利学报，1991，1.

［26］ HUGHES T J R，LEVIT I，WINGET J. Element－by－element implicit algorithms for heat con-

duction [J]. Journal of Engineering Mechanics，ASCE，1983，109（2）：576－585.

[27] LONSDALE G，ANTON SCHÜ，LLER. Multigrid efficiency for complex flow simulations on distributed memory machines [J]. parallel computing，1993，19（1）：23－32.

[28] BASU A J. A parallel algorithm for spectral solution of the three－dimensional Navier－Stokes Equations [J]，Parallel Computing 1994（20）：1191－1204.

[29] IWAMIYA T，FUKUDA M，NAKAMURA T，et al. On the numerical wind tunnel（NWT）program [M]. Parallel Computational Fluid Dynamics：New Trends and Advances，1995，Elsevier Science B. V.

[30] JIANG C B.，LI K，LIU N，et al. Implicit parallel FEM analysis of shallow water equations [J]. Tsinghua Science & Technology，2005，10（3）：364－371.

[31] 王文洽. 对流扩散方程修正的交替分组四点方法 [J]. 高等学校计算数学学报 [J]. 2005，3.

[32] 余欣，杨明，王敏，等. 基于 MPI 的黄河下游二维水沙数学模型并行计算研究 [J]. 人民黄河，2005，3.

[33] 刘耀儒. 三维有限元并行计算及其在水利工程中的应用 [D]. 清华大学博士学位论文，2003.

[34] 王船海，李光炽. 实用河网水流计算 [M]. 南京：河海大学出版社，2002.

[35] 李光炽，王船海. 大型河网水流模拟的矩阵标识法 [J]. 河海大学学报（自然科学版），1995，23（1）：36－43.

[36] 李庆杨，王能超，易大义. 数值分析 [M]. 北京：清华大学出版社，2001.

[37] 郑孝宇，褚君达，朱维斌. 河网非稳态水环境容量研究 [J]. 水科学进展，1997，（8）3：26－27.